完全女子版！
自転車
メンテナンスブック

deco

目次

は女子がつまずくポイント「女子つま」（P.008「本書の使い方」参照）です。

12-1、12-2、12-3、12-4は、トラブル解決のために必要な基本テクニックです。

COLUMN

本書の使い方

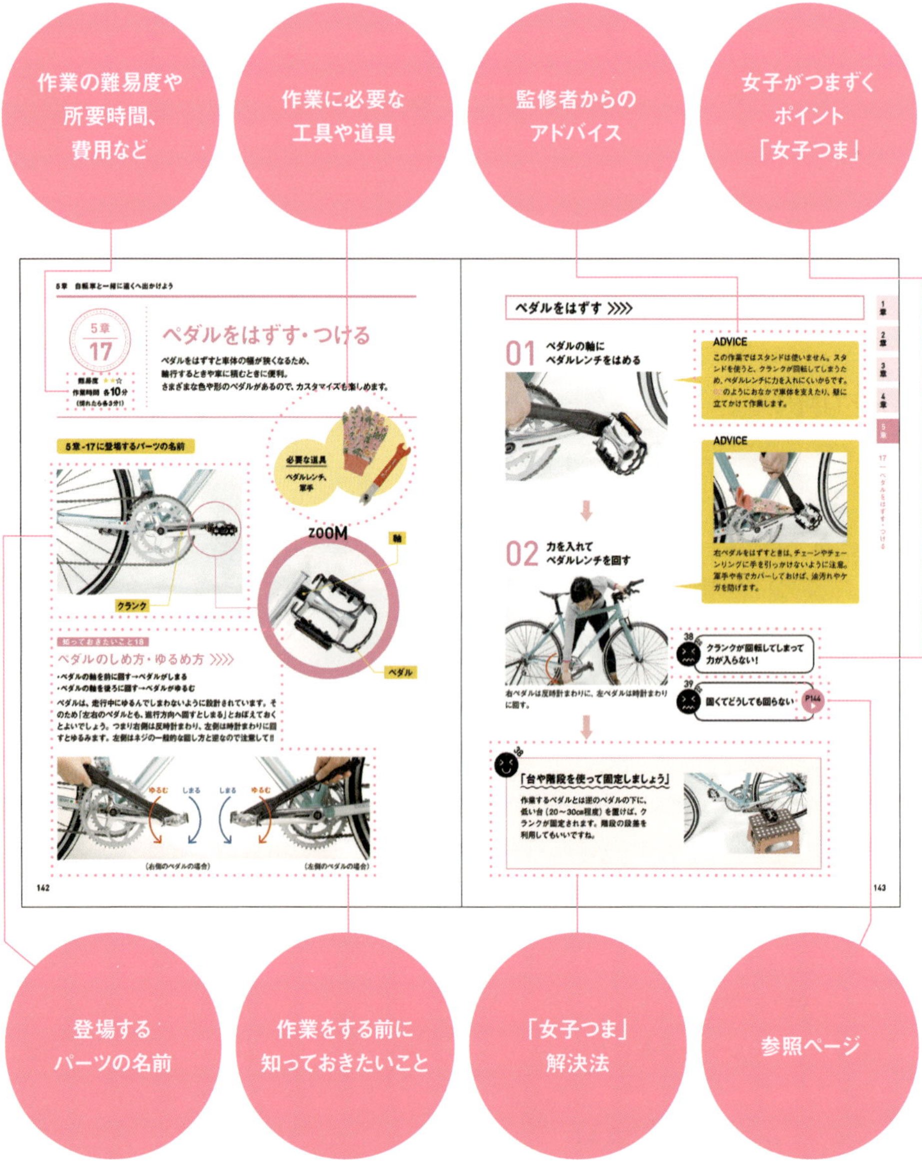

・作業中は、思わぬケガをする場合があります。軍手を着用するなど十分に注意して作業をしてください。
・自己責任のもとに行っていただくメンテナンスであることを、あらかじめご了承ください。
　もし、ご不明な点がございましたら、お近くのショップへご相談ください。
・本書に記載されている情報は、2012年3月31日現在のものです。
・本書では、スポーツバイク(P.029)のなかでも、クロスバイクとロードバイクのメンテナンスを中心に紹介しています。

1章

メンテナンスの基礎知識

1章
1

パーツの名前

おもなパーツの名前を紹介します。
名前をおぼえるだけで、自転車ライフがだんぜん楽しくなります。
お店で相談するときにも役立ちます。

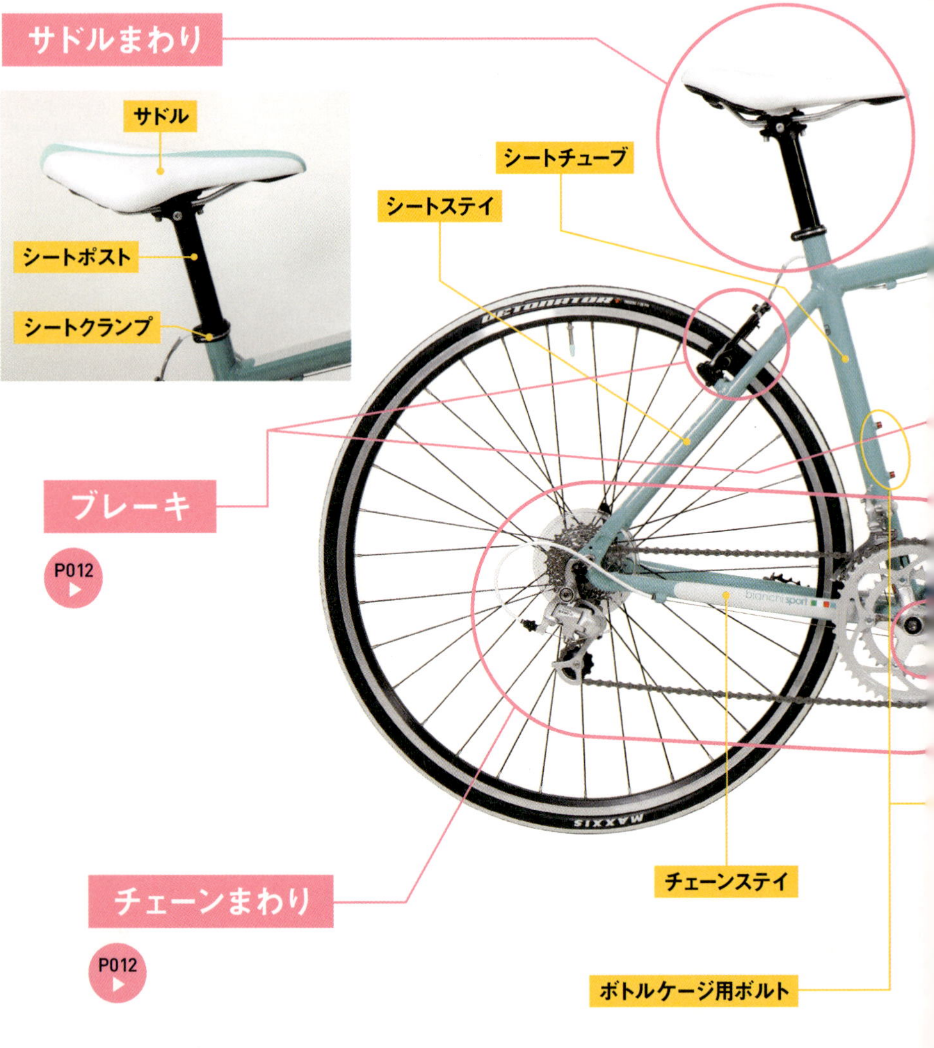

フレーム
トップチューブ
ハンドルまわり
P013
ヘッドチューブ
フロントフォーク
ホイールまわり
P013
ダウンチューブ
クランク
ペダル
ペダルまわり

ブレーキ

Vブレーキ

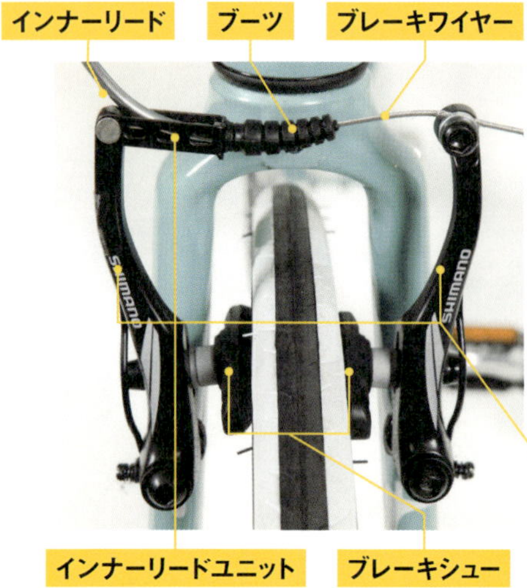

キャリパーブレーキ

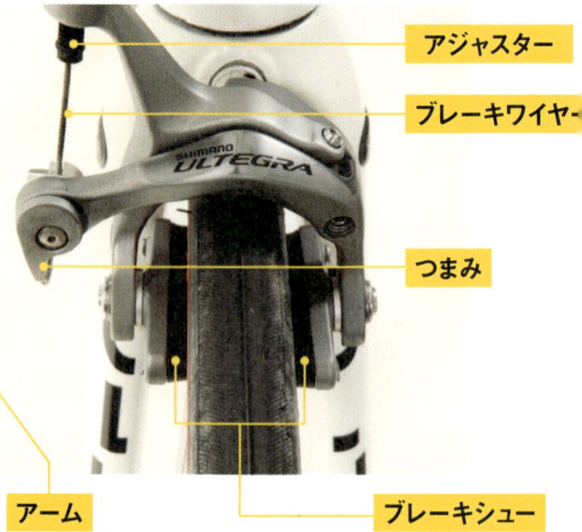

チェーンまわり

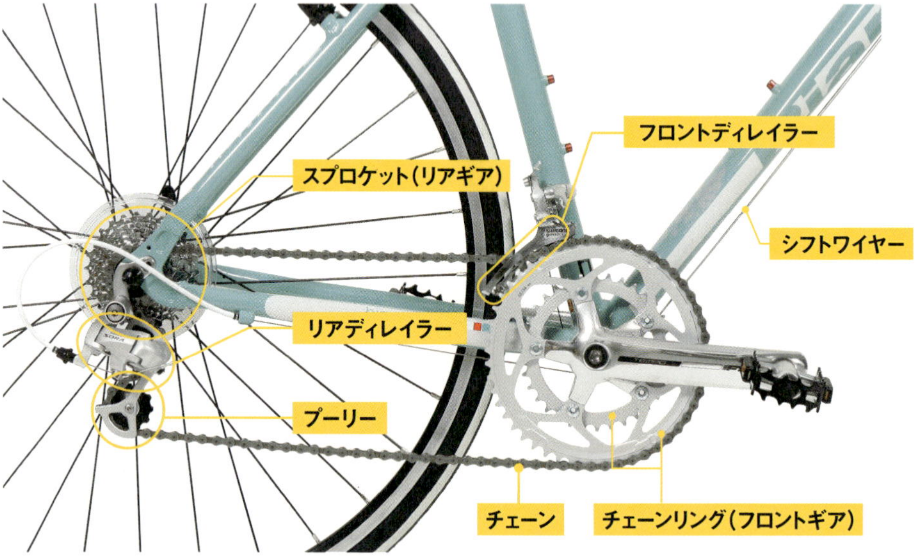

ハンドルまわり

フラットハンドル

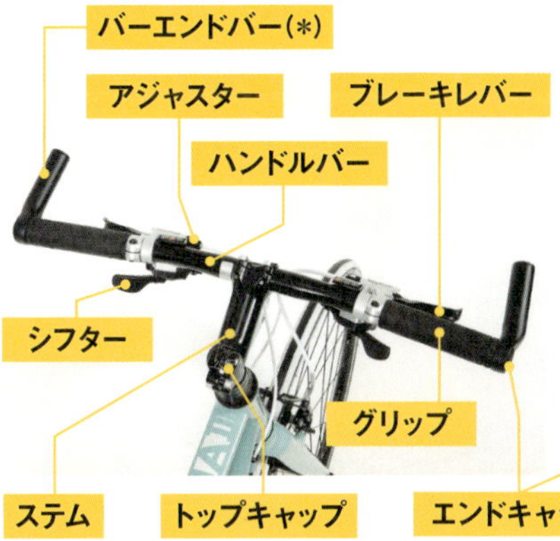

ドロップハンドル

＊フラットハンドルの両端に取りつけるパーツ。ここを握ると前傾姿勢をとれるので、スピードアップできる。ハンドルの握る場所を変えると、疲労や痛みが軽減する。

ホイールまわり

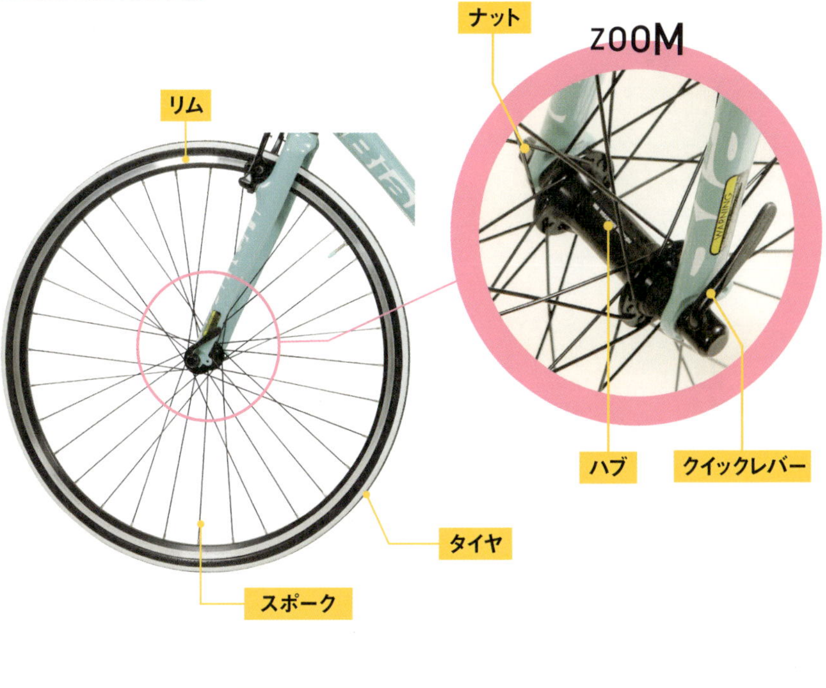

1章
2

「基本の4つ」の予算
約9300円

メンテナンスに必要な道具

たくさん道具をそろえなくても大丈夫。
基本の4つと慣れてきたらそろえたい4つ、
たった8つの道具でほとんどのメンテナンスができます！

ビギナーはまずこれ！　基本の4つ ››››

（下から、2㎜、4㎜、5㎜、6㎜）

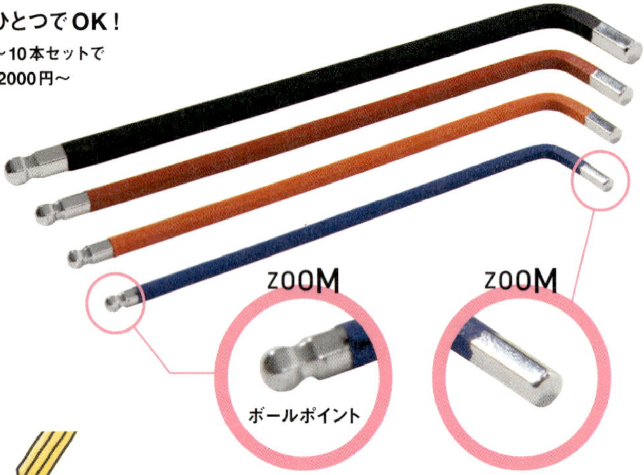

1 「はずす・はめる」はこれひとつでOK！ 六角レンチ

8～10本セットで
約2000円～

六角穴つきのボルトをしめたり、ゆるめたりするための工具。自転車に使われているボルトの多くは六角穴つきボルト。2㎜、4㎜、5㎜、6㎜径の4種の六角レンチがあれば、ほとんどのパーツを取りはずすことができます。ひと目で径を識別できる色つきタイプがおすすめ！

六角穴つきボルト

丸くなっている先端をボールポイントと呼ぶ。片方がボールポイントになっている六角レンチを選ぼう。ボルト穴に六角レンチをまっすぐ差し込めない場合でも、ボルトを回すことができて便利。

使い方

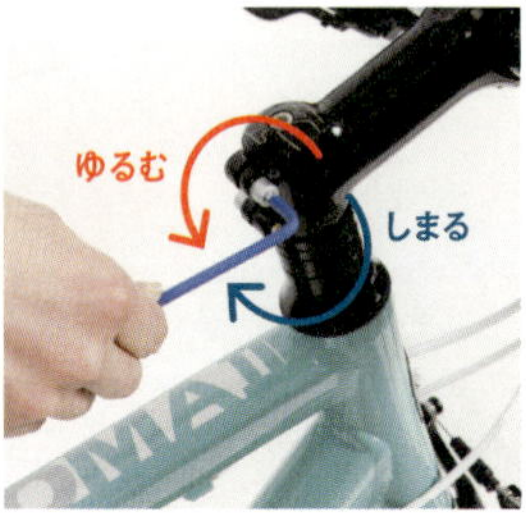

きつくしまったボルトをゆるめるときや、きつくしめあげるときは、短辺を差し込み、長辺を持って回す。

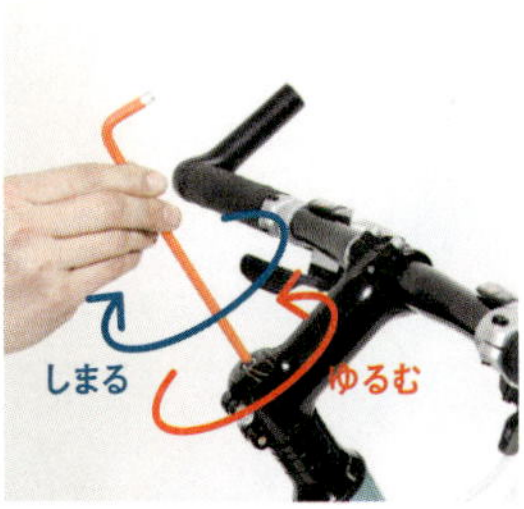

しめはじめなどくるくる回したいときや、届きにくいところのボルトを回すときは、長辺を差し込んで回す。

携帯用工具セット 約3000円～

六角レンチをはじめ、プラスドライバーなど数本の工具がセットになっている。コンパクトで軽量な働きもの。出先でのトラブル時に大活躍。かわいい色やデザインのものもあるので、お気に入りを探すのも楽しい！

使い方

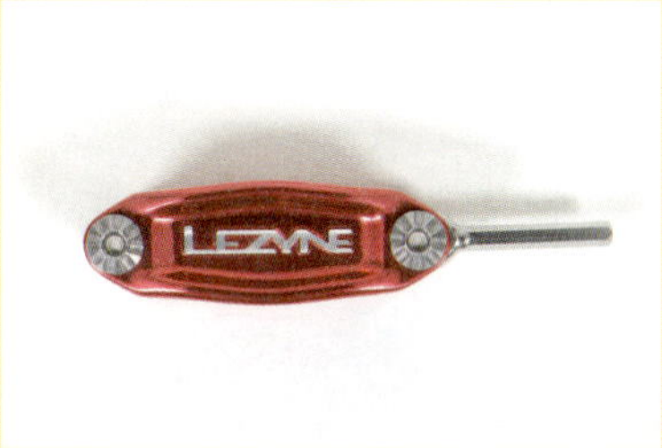

使う工具を本体から伸ばす。

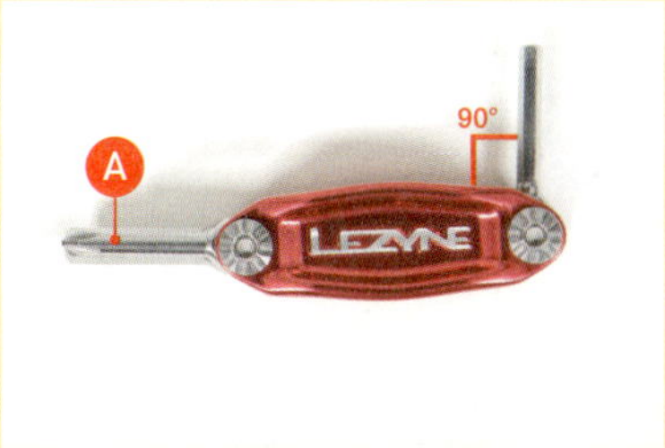

しめあげるときなどは、使う工具と本体を直角にすると力を入れやすい。さらに大きな力をかけたいときは、反対側の工具Ⓐを伸ばして握るとよい。

2 汚れ、ケガから手を守る！ 軍手 約300円～

ボルトを回すなどこまかい作業もあるので、軍手は薄手で自分の手のサイズに合ったものを。タイヤをはめるときなど力がいる場合も多いので、すべり止めがついているとよりGood。おすすめは、色や柄も豊富な園芸用のグローブです。

3 自転車を自立させれば作業もラクラク♪
スタンド 約2000円〜

後輪の軸をはさんで自転車を自立させるスタンド。両手を自由に使えれば、作業もラクになります。自転車を保管するにも便利。折りたたみ式で、脚の開き方によって高さを2段階調節できるタイプがおすすめ。後輪の軸のナット側Ⓐとクイックレバー側Ⓑで形状が異なるので、使うときには注意。

使い方

01

自転車とスタンドの幅が合わない!

1 Ⓐを後輪のナットにはめる

2 Ⓑを後輪のクイックレバーにはめる

片手でⒶを押さえながら、もう一方の手でⒷを外側に広げるように、少し引っぱりながらクイックレバーにはめる。

3 後輪が地面につかないように、脚の角度を調整する

（後輪が大きい場合）

（後輪が小さい場合）

01

「簡単に幅の調整ができます」

自転車に対してスタンドの幅が広いときは、内側に押し込み、狭いときは外側に広げます。

（内側に押し込む）

（外側に広げる）

4 こまめに空気圧をチェック!
空気入れ 約5000円〜

「適正空気圧」(P.027)を測るために、空気圧計がついたものを選びます。身長が低い人(目安は160cm以下)は、背丈が低い空気入れのほうが空気を入れやすい。接続口のタイプ(P. 025)が自分の自転車に合うかどうかを購入前に必ず確認しましょう。

P026 ▶

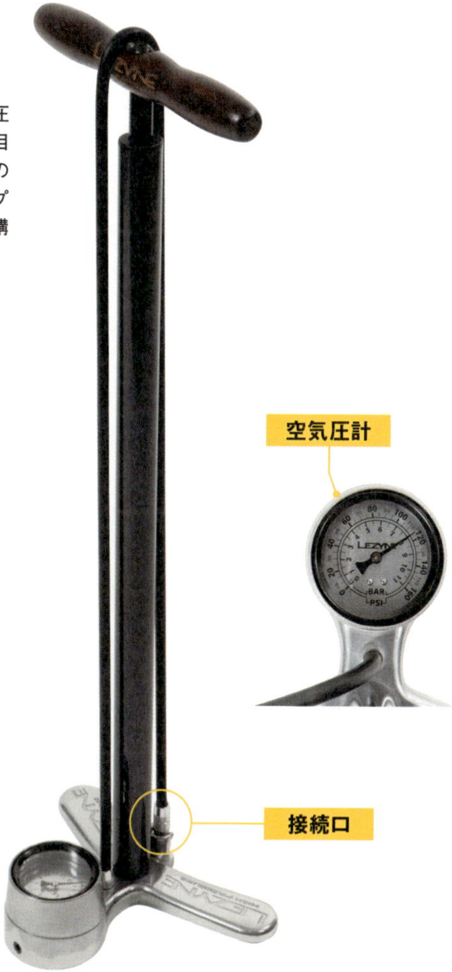

空気圧計がついた携帯に便利なコンパクトタイプもある。小さいほうが持ち運びは便利だが、一方空気を入れるのに、時間も力もかかる。

慣れてきたらそろえたい4つ >>>>

1 タイヤはずしの達人!!!
タイヤレバー 2〜3本セットで約500円

P101 ▶

タイヤをリムからはずしたり、はめたりするための工具。パンク修理やタイヤ交換に必須。フックがついたタイプを選びます。2本セットで市販されていることが多いですが、初心者は3本セットを探しましょう。おすすめは、軽くて扱いやすいプラスチック製。チューブやリムを傷つけにくいので◎。

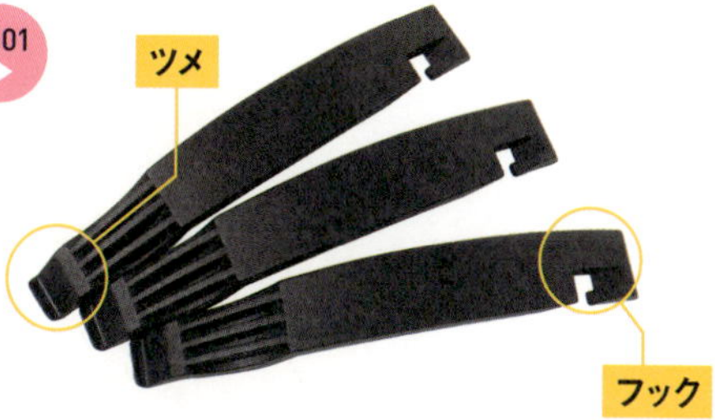

2 パンク修理キット 約1000円

パンク穴修理の必需品

パンク穴をふさぐために必要な紙やすり、ゴムのり、パッチのセット。

P112

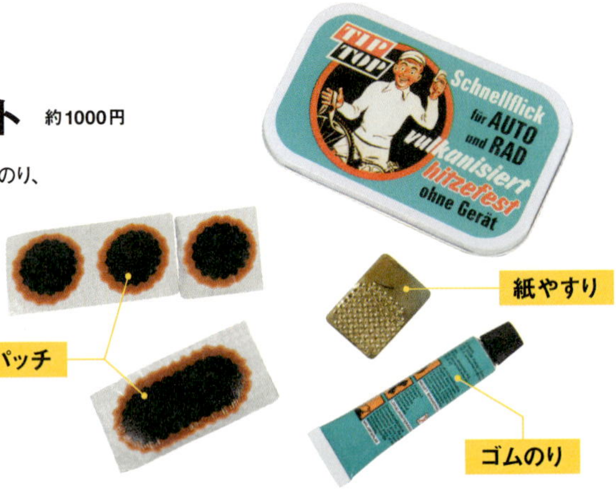

3 マイナスドライバー 約1000円

グリップ、バーテープの交換に！

最近の自転車にはほとんどマイナスネジが使われていません。ネジを回すというより、ハンドルのエンドキャップやグリップをはずすときに活躍。

P059 P064

4 ペダルレンチ 約1500円

ペダルの脱着に！

ペダルをはずしたり、はめたりするときに使う工具。脱着作業には力が必要なため、持ち手の長いレンチのほうが、少ない力で作業することができます。ただし、輪行（P. 147）に持っていくときはコンパクトなほうが便利。

P143

ADVICE

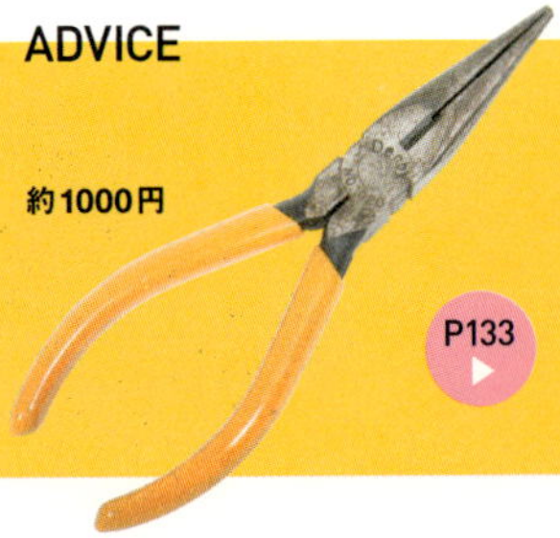

約1000円

P133

カートリッジ式ブレーキシュー（P.127）を使っているなら、ペンチは必需品。シューのパッド交換時、パッドを固定しているピンを抜くのに使います。カートリッジ式ではなく、スタンダードタイプのブレーキシューを使っている場合は必要ありません。

1章
3

「基本の3つ」の予算
約3000円

お手入れ用品

まず最初にそろえたいのは、汚れを落とすパーツクリーナー、チェーンまわりの動きをよくする潤滑オイル、ウエスの3つ。これだけあれば、ひと通りのお手入れができます。

ビギナーはまずこれ！ 基本の3つ >>>>

1 がんこな汚れもスッキリ
パーツクリーナー　約1500円

フレームやチェーンの油汚れを落とす専用クリーナー。ハンドルバーからグリップをはずすときにも活躍します。スプレータイプは、噴射の力で汚れを吹き飛ばします。

P046 ▶　P059 ▶

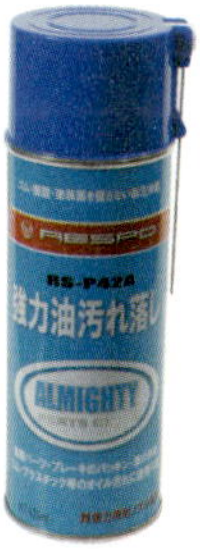

シートタイプのパーツクリーナー　各約500円

汚れをしっかり落としたいときにはスプレータイプがおすすめだが、さっと掃除をしたいときには、使い捨てのシートタイプが便利。

チェーン掃除用

フレーム掃除用

2 これ1本でマルチに使える！
潤滑オイル　約1500円

部品のすべりをよくし、動きをスムーズにするためのオイル。チェーンをはじめ、クイックレバー、ディレイラー（フロント、リア）などさまざまなパーツに使えます。

P049 ▶

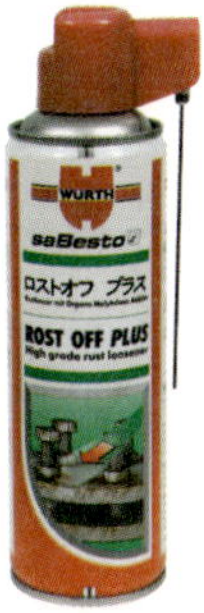

チェーン専用オイル 各約1500円

潤滑オイルより乾きにくく、チェーンの動きもよくなる。注油の頻度や、天候によって、ドライ、ウェットの両タイプを使いわけよう。

・ドライタイプ

粘度が低く、サラッとしたオイル。汚れがつきにくい。ウェットタイプとくらべてもちが悪いため、こまめな注油が必要。

・ウェットタイプ

粘度が高く、ベタッとしたオイル。雨にぬれても落ちにくく、長もちする。ただし、ほこりや汚れがつきやすい。

ドライタイプ

ウェットタイプ

3 お手入れの名サポーター ウエス(作業用布)

P046 P049

「ウエス」とは、作業に使う布のこと。汚れやオイルをふき取るために使う。市販品もあるが、着古したTシャツやタオルなどでも代用できる(P.048)。

慣れてきたらそろえたい3つ >>>>

1 フレーム用 ワックス 約1000円

P048

フレーム表面に光沢を出し、汚れをつきにくくする。パーツクリーナーで汚れを落としたあと、仕上げの際に使用する。

2 サビ止め 約1500円

P052

吹きつけるだけでサビを防止する。一度ついてしまったサビは、落ちにくい。サビてしまう前に手を打とう。

3 グリス 約1000円

P034 P145

粘度が高く、ベタッとした潤滑剤。密閉されたところにはオイルではなくグリスを使うことが多い。ネジの固着のほか水や汚れの浸入を防ぐ。

ADVICE

水なしで油汚れを落とせる「ハンドクリーナー」があると便利です。

約1000円

1章
4

作業時間 15分
（乗る前の4つの点検）

日常点検

思いがけない事故やケガを防ぐためには、
日常点検が欠かせません。
乗る前には異常がないか、必ず確認を！

乗る前に ≫≫

1 タイヤの空気圧 P027

「適正空気圧」になっているか、確認しましょう。時間の経過とともにタイヤの空気は自然に減ってしまいます。

2 ブレーキの“遊び”と利き加減 P123

ブレーキの異常は、自分だけでなく、ときには歩行者などほかの人の命にもかかわります。ブレーキが利くかどうか、“遊び”と利き加減を確認してください。

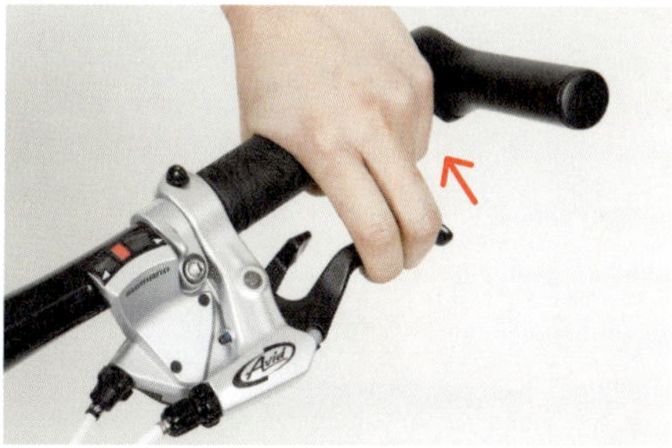

左右のブレーキレバーを握って、“遊び（ブレーキが利きはじめるまでの距離）”を確認する。握りしめたときに、ブレーキレバーとグリップが平行になるくらいがちょうどよい。

自転車を前後に動かして、ブレーキを握る。ブレーキの利きがあまくなっていないか確認する。

3 異音の有無 P070

パーツをとめているボルトがゆるんでいないか確認します。「カタカタ」「ガタガタ」と異音がしたら、どこかがゆるんでいるかもしれません。

前輪を少し持ち上げて、落とす。異音がする場所を探して、ゆるんだボルトをしめなおす。特定できなければショップに相談しよう。

4 クイックレバーの位置としまり具合

P080

クイックレバーを障害物が引っかかりにくい位置にしっかり倒します。指で引っぱってみて、簡単にレバーを起こせるようであれば、しめ込み不足。しめなおしましょう。

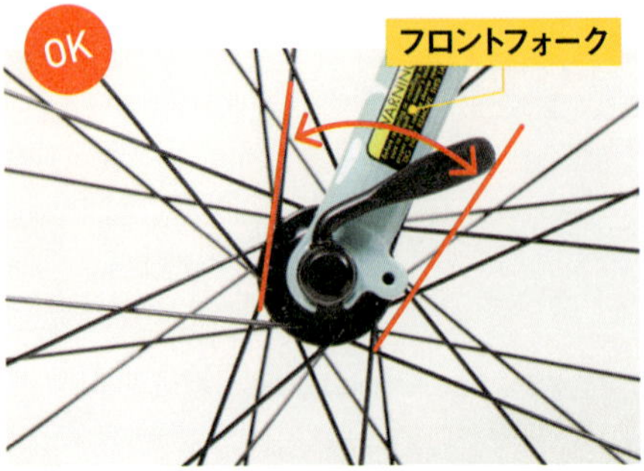

前輪の場合は、フロントフォークに沿って倒す。

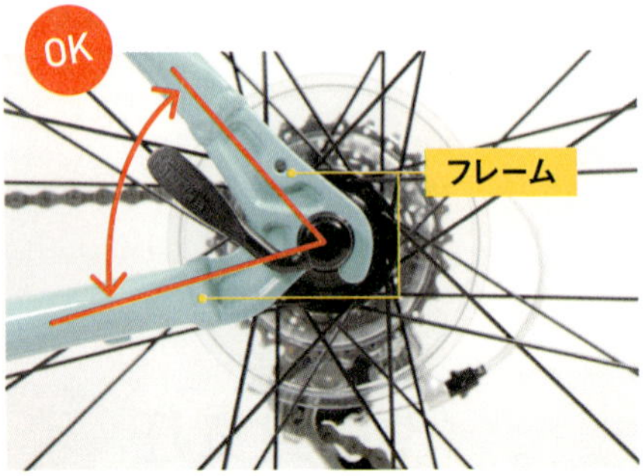

後輪の場合は、2本のフレームの間に倒す。

月に1回 >>>>

1 ブレーキシューのすり減り

P126

シューのパッドがすり減っていると、ブレーキの利きが悪くなったり、パッド以外の部分があたってリムがけずられてしまうことがあります。すり減っていたら、新しいシューに交換しましょう。

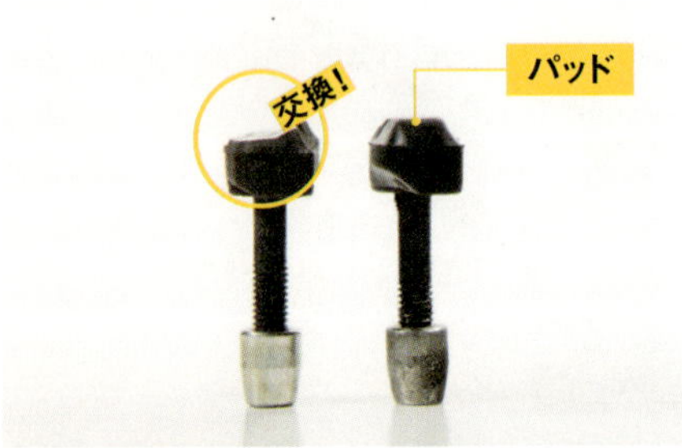

後ろから見たブレーキシュー。右の新品にくらべて、左のパッドがすり減っているのがわかる。

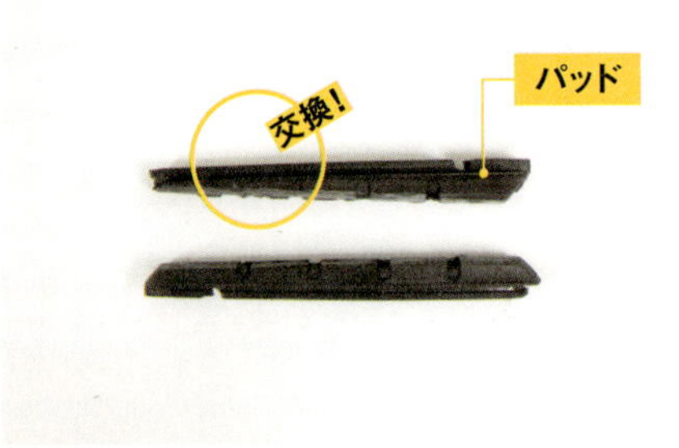

カートリッジ式ブレーキシューのパッド。下の新品にくらべて、上のパッドはすり減ってミゾが消えかけている。

2 チェーンの掃除と注油

P046 P049

チェーンに汚れがたまっていたり、油が切れていると、シフトチェンジがスムーズにできなくなります。掃除と注油は必ずセットで行いましょう。

3 ハンドルのがたつき

ハンドルを左右に振って、がたつきがないか確認します。がたつく場合は、ハンドルを固定しているボルト（4本または2本）をしめなおしましょう。

前輪を足ではさんで固定し、ハンドルをつかんで左右に振って確認する。

4 サドルのがたつき

サドルを左右に振って、がたつきがないか確認します。がたつく場合は、サドルを固定しているボルト、またはシートクランプをしめなおしましょう。

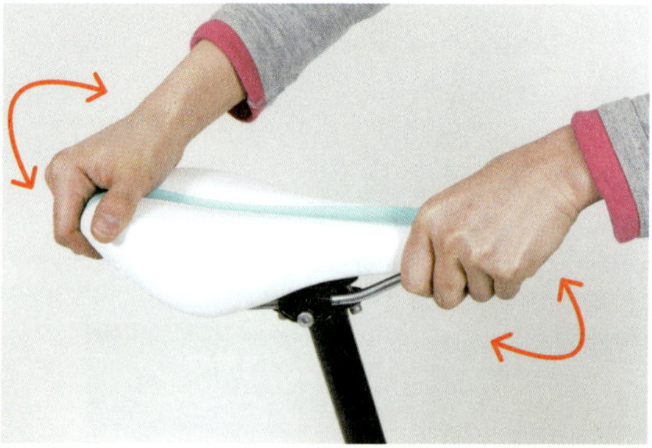

前輪を足ではさんで固定し、サドルをつかんで左右に振って確認する。

半年に1回 >>>>

チェーン以外の注油、グリス塗り、サビ止め塗り

P052 ▶

こまめに手入れすれば、自転車は長もちします。とくに気になるのがサビ。いったんサビはじめると、どんどん広がってしまうため、サビ止めは購入後すぐに塗ることをおすすめします。

気になったときにいつでも >>>>

フレームの掃除

P048 ▶

ピカピカのフレームは気持ちがいいもの。自転車を見れば、持ち主の自転車に対する愛情の大きさが一目瞭然です。きれいにみがけば、走りもいっそう楽しくなります！

1章
5

難易度 ★☆☆
作業時間 10分
（慣れたら5分！）

空気の入れ方

タイヤにはそれぞれ適正な空気圧があります。
パンクなどのトラブルを未然に防ぎ、快適なライディングを楽しむために、
走る前にタイヤの空気圧を確認する習慣をつけましょう。

必要な道具
空気入れ、
スタンド

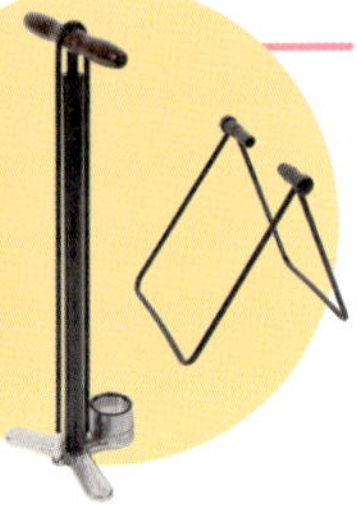

知っておきたいこと1

バルブの種類 ≫≫

チューブには、空気を入れたり、抜いたりするための「バルブ」がついています。バルブは大きく分けて3種類あり、スポーツバイクに採用されているのは、ほとんどが仏式か米式。ちなみに、シティサイクル（いわゆる“ママチャリ”）に多いのが、英式です。

1 仏式（フランス式）

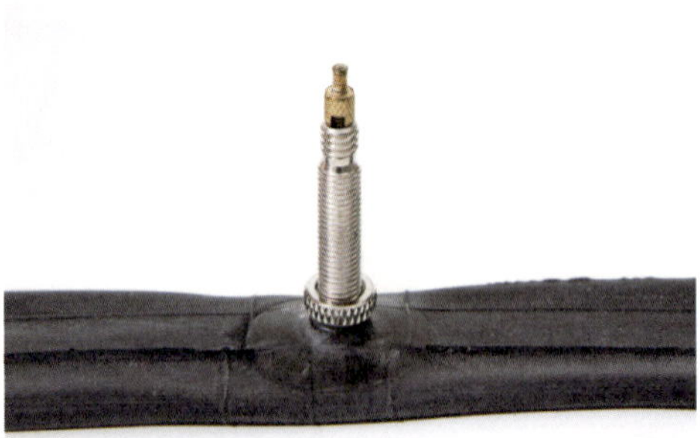

一般的に「フレンチバルブ」と呼ばれる。「プレスタ（Presta）バルブ」とも。空気圧を微調整しやすいのが特徴。多くのスポーツバイクに採用されている。

●空気を入れるとき

先端のネジをゆるめて空気入れをつなぐ（ゆるめてもネジがはずれない構造になっている）。

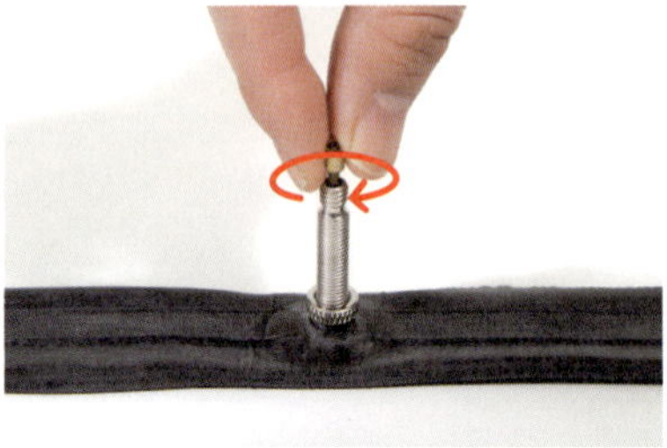

●空気を抜くとき

ネジをゆるめてバルブの先端を下に押し込む。指を離すと空気が止まるので微調整できる。

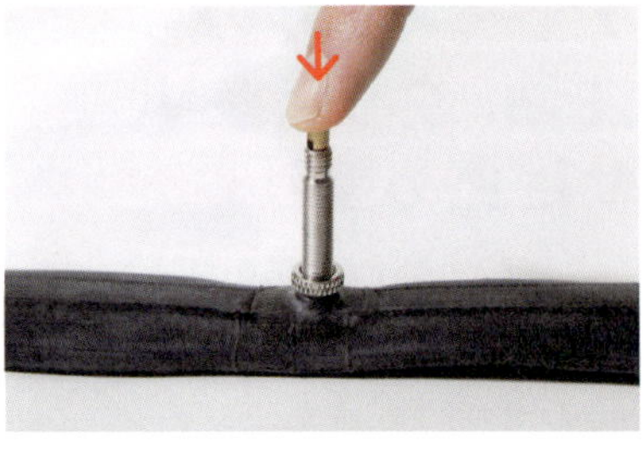

2 米式（アメリカ式）

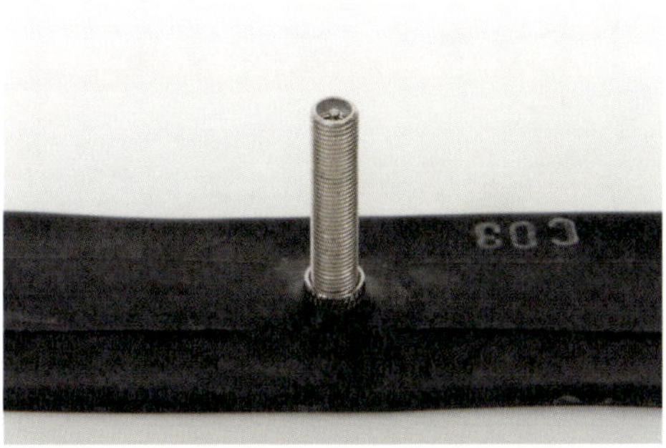

別名「シュレーダー（Schrader）バルブ」。おもにマウンテンバイクに採用されている。耐久性に優れ、自動車やモーターバイクにもこの形状のバルブが使われている。

●空気を入れるとき

そのまま空気入れをつなぐ。

●空気を抜くとき

バルブの内側にある突起を押す。六角レンチを使うと押しやすい。ペンなどでも代用可。

3 英式（イギリス式）

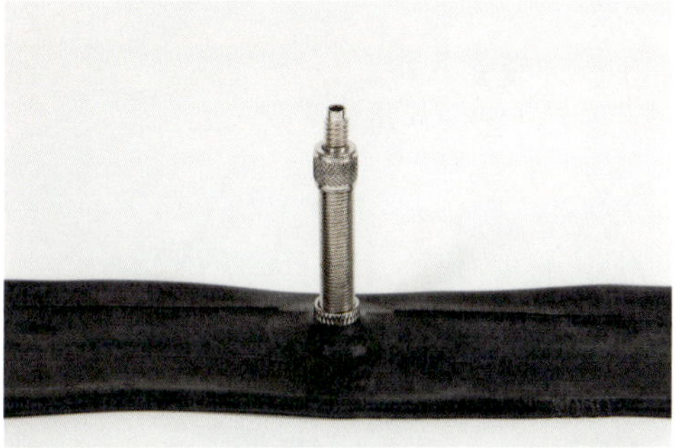

別名「ウッズ（Woods）バルブ」。空気圧の微調整ができない。スポーツバイクではほとんど使われない。

知っておきたいこと2

空気入れの接続口のタイプ ＞＞＞＞

スポーツバイク販売店で売られている多くの空気入れは、仏式＆米式の共用タイプ。1つの口で両方に対応できるため（2口のものもある）、1台あればOK。

接続口が1つのタイプ。バルブを固定するレバーつき。

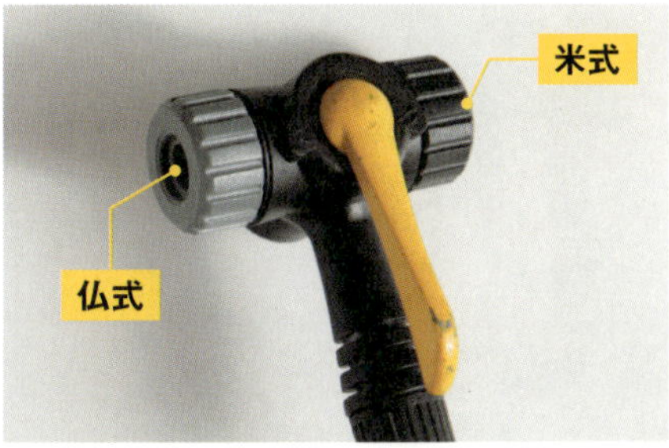

接続口が2口に分かれているタイプ。

空気を入れる >>>>

01 バルブキャップをはずして、ネジをゆるめる

バルブキャップがついていない場合もある。以下の作業（02～05）は仏式バルブで行うが、米式、英式バルブの場合でも基本は変わらない。

ADVICE

バルブキャップはバルブの先端を保護し、水や泥が入り込むのを防ぐためのもの。空気もれを防ぐわけではありません。なくてもかまいませんが、かわいいキャップがたくさん売られているので、アクセサリー感覚で楽しんでみては？

02 空気入れをバルブに接続する

バルブに空気入れをまっすぐに差し込む。固定レバーつきなら、レバーを上げて固定する。

ADVICE

米式の場合

バルブにネジはありません。キャップをはずし、そのまま空気入れを接続します。

03 適正空気圧まで空気を入れる

02
“適正空気圧”ってなに……？

03
適正空気圧まで入れるのが大変！

P028

空気入れのステップをしっかり踏んで固定し、空気圧計を見ながら空気を入れる。

ADVICE

接続口を斜めに差し込むと、空気が入らないばかりかバルブやチューブを傷つけてしまいます。

02

「タイヤに合った空気圧のこと。タイヤの側面に記載されています」

6BAR(87P.S.I) min - 8BAR(116P.S.I) max

空気圧の単位は、「bar(バール)」と「p.s.i(ピーエスアイ)」の2種類。写真のタイヤの場合は「6～8 bar」「87～116p.s.i」。この数値の範囲が、“適正”な空気圧です。

空気圧の高低による変化

まず、適正空気圧の最大値まで空気を入れて、走ってみます。
少しずつ空気を抜きながら、好みの空気圧を探してみましょう。

低め	空気圧	高め
悪い	走行感(タイヤの転がり)	よい
上がる	ブレーキ性能	下がる
よい	振動吸収性(クッション性)	悪い
しやすい	パンク	しにくい

04 空気入れをはずす

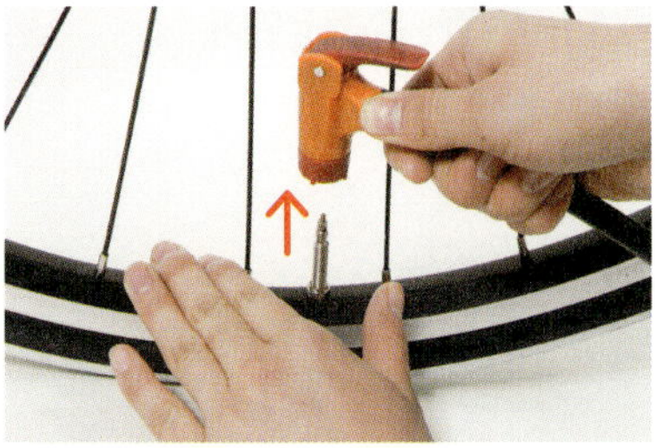

接続口を持って垂直に引き抜く。

ADVICE

固定レバーつきの空気入れの場合、引き抜く前に必ずレバーを戻してロックを解除しましょう。ロックしたまま無理に引っぱると、バルブを傷つける原因になります。

05 ネジをしめて バルブキャップをはめる

米式バルブの場合は、ネジがないのでそのままキャップをはめる。キャップにはバルブを保護する目的がある。

ADVICE

空気を入れたら、必ずバルブのネジをしめましょう。ゆるんだままでは空気が抜けてしまいます。また、ネジがゆるんだ状態で上から押すと、空気が抜けてしまうので気をつけて！

03

「ポイントは２つ！ ①ポンプを上限まで引き上げて一気に押し込む。 ②なるべく背丈の低い空気入れを選ぶ」

身をかがめて、空気入れのレバーを細かく上げ下げ……。じつは、この入れ方は効率が悪いんです。正しい入れ方は、レバーを上限まで引き上げてから、体重をかけて一気に押し込む。ひと押しで入る空気がだんぜん多くなります。空気入れの大きさもポイントです。身長160㎝以下の人は、なるべく背丈の低い空気入れを選びましょう。

OK

（背丈の低い空気入れ）

身長に合った空気入れを使うと、作業がラクになる。腕だけで上げ下げせずに、腰も使うと疲れにくい。

NG

（背丈の高い空気入れ）

身長に対して、空気入れの背丈が高すぎると、腕の力だけに頼ることになり、力を入れにくい。

COLUMN 1

スポーツバイクの種類と特徴を知ろう！

スポーツバイクは、大きく分けて、
クロスバイク、ロードバイク、マウンテンバイク、ミニベロの4種類。
各スポーツバイクの特徴を知っておきましょう。

1 クロスバイク

・街乗りや通勤、サイクリングまでこなせる
・操作性に優れたフラットハンドル
・「曲がる」「止まる」の操作が簡単

タイヤが太めなので、スピード感を楽しみつつ、段差のある市街地でも快適に走行できる。ロードバイクほど前傾姿勢にならないため、初心者でも乗りやすい。

Bianchi「ROMA 2」

2 ロードバイク

・ロードレースやロングライドに最適
・長時間走っても疲れにくいドロップハンドル
・スピード重視

ロードレース用として発達してきた自転車。舗装路を高速で走行することを追求しているため、4タイプのなかでもっとも車体が軽く、タイヤがもっとも細い。

Cinelli「Willin'SL」

3 マウンテンバイク

・オフロードに強い
・安定感のある太いタイヤ
・地面からの衝撃を吸収する
サスペンションつきもある

Cinelli「BOOTLEG STRAY RATS」

4 ミニベロ(小径車)

・径の小さいタイヤ
・軽くこぎ出せて、小まわりが利く
・保管や持ち運びに便利な折りたたみタイプが多い

BRUNO「ROAD MIXTE」

2章

乗り心地アップのための
メンテナンス

2章
6

難易度 ★☆☆
作業時間 各10分
（慣れたら各5分！）

サドルを調整する

自分の体にフィットさせると、ぐっと乗り心地がよくなります。
膝や太ももが痛い、お尻が痛い、というときにも、
まずはじめに、サドルの位置を調整しましょう。

必要な道具

軍手、
六角レンチ、
スタンド

2章-6に登場するパーツの名前

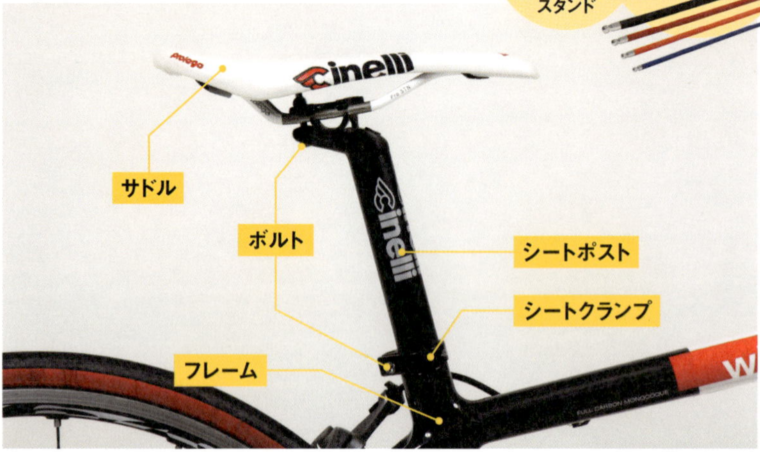

知っておきたいこと3

シートクランプの種類 >>>>

ボルトタイプ

シートポストをボルトで固定するタイプ。

クイックレバータイプ

P079 ▶

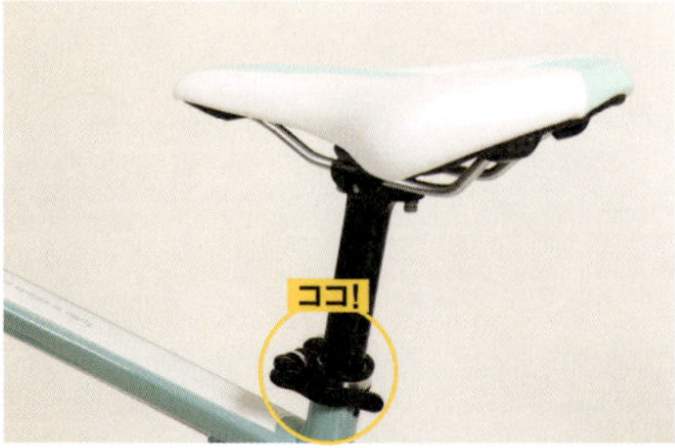

シートポストをクイックレバーで固定するタイプ。

知っておきたいこと4

自分に合った高さの決め方

①倒れないように、踏み台や階段の段差に片足を乗せて、サドルに座る。
（メンテナンス用のスタンドは体重を支えられないため、使用しない）
②もう片方の足をペダルに乗せて、ペダルをいちばん低い位置まで下ろす。
③ペダルの中央にかかとを乗せた状態で、膝が自然に伸びる高さにサドルを調整する。

＊スポーツバイクの場合は、サドルに座った状態では地面に足がつきません。停車するときは、サドルから降りて、トップチューブにまたがって足をつけます。

適正な高さ。実際に走るときは、つま先をペダルに乗せるので、膝が軽く曲がる状態になる。

サドルが低いため、膝が曲がってしまっている。ペダルに力が伝わりにくく、疲れやすい。

知っておきたいこと5

セッティングの基本

サドルの座面が地面に対して水平

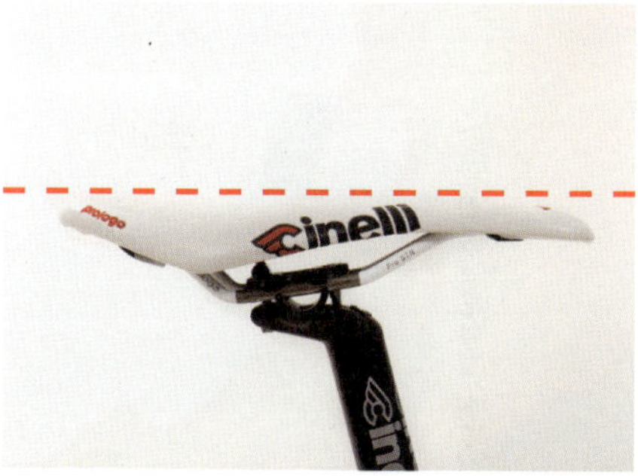

フレームとサドルの中心が一直線

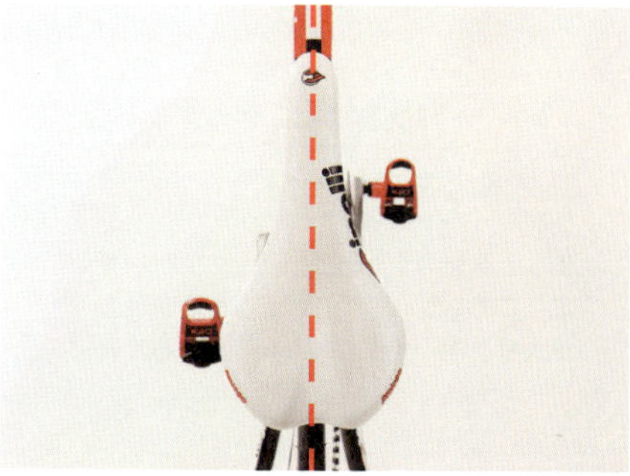

サドルの高さを調整する ≫≫

01 ボルトをゆるめる／レバーを起こす

ボルトタイプの場合
シートクランプのボルトを六角レンチで反時計まわりに回してゆるめる。ボルトをはずす必要はない。

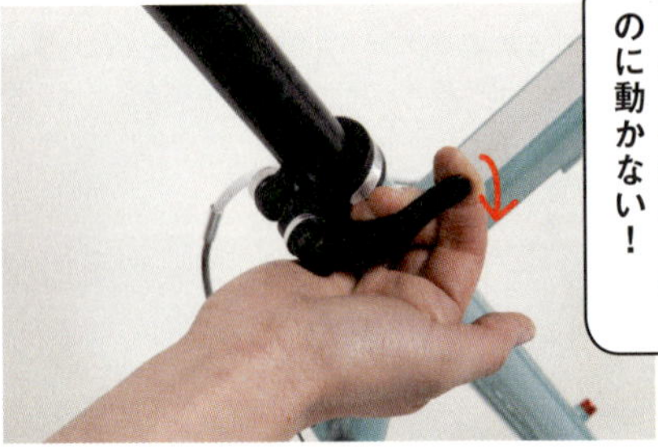

クイックレバータイプの場合
レバーを起こすと、シートポストが動かせるようになる。

04
レバーを起こしたのに動かない！

02 上下に動かして調整する

サドルを左右に振りながら上げ下げすると動かしやすい。

ADVICE

シートポストがスムーズに動かない場合は、シートポストを一度抜き取り、フレームの内側にグリス（P.020）を塗ってみてください。グリスがはみ出ていると汚れやすくなるため、はみ出したグリスはきれいにふき取ります。

04

「レバーの反対側にあるナットを手でゆるめましょう」

ナットをきつくしめていると、レバーを起こしてもシートポストが動かない場合があります。ナットを回してゆるめてみましょう。

03 ボルトをしめる／レバーを倒してしめる

六角レンチでボルトをしめて、シートポストを固定する。シートクランプ一体型のフレームの場合は、しめすぎるとフレームを傷つけてしまうので注意。

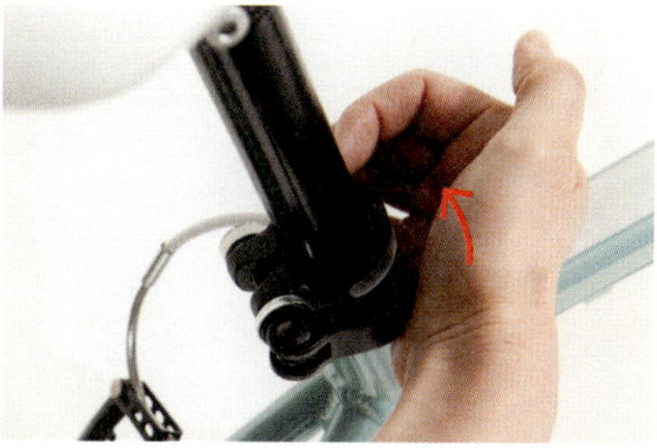

レバーを握るようにして、ギュッと力をこめて倒す。

ADVICE

前輪や後輪に使われているクイックレバーと同様にかなりの力が必要な作業です。レバーが指で簡単に倒せる場合は、反対側にあるナットのしめ込み不足。ナットをしめなおしましょう。

P083 ▶

サドルの前後の位置と角度を調整する ≫≫

01 ボルトをゆるめる

サドルの角度を動かせる程度に、六角レンチでボルトをゆるめる。ボルトをはずす必要はない。

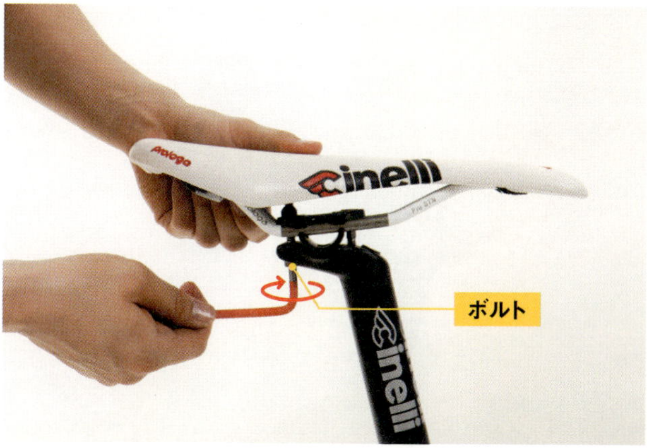

↓

02 自分に合った位置に動かす

（前へ動かす）

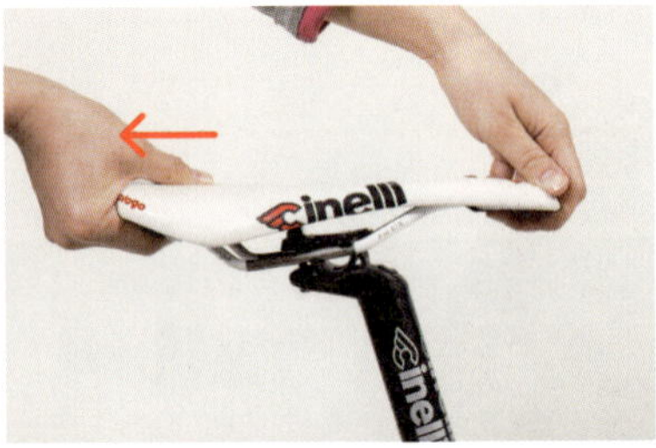

（後ろへ動かす）

03 水平になるように調整する

04 ボルトをしめて、完成！

走行中にサドルが動いてしまわないように、しっかりボルトをしめる。

「少しだけ前に倒すと楽になりますよ」

サドルの角度は「地面と水平」が基本です。ただし、走行中にお尻が痛くなるようなら、少しだけ前に倒すと痛みが改善されることも。ぜひ試してみてください。

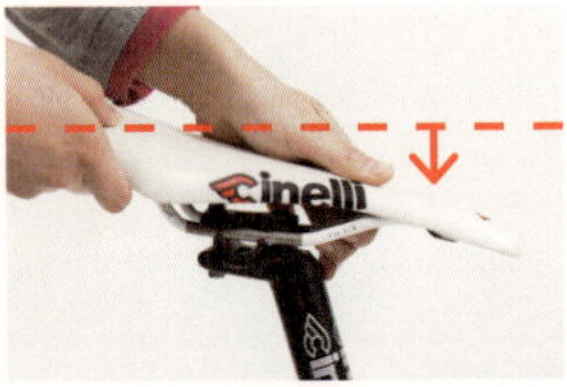

ADVICE

1か月ほど乗ってみて、それでもお尻が痛い場合は、サドルを交換してみましょう。座面と骨盤の幅が合っていないために、お尻が痛いのかも。素材もデザインもさまざまなので、気分転換に交換するのも◎。

06 骨盤の幅ってどうやって測るの？ P038 ▶

お尻の痛みをなんとかしたい！①

→コンフォートサドル

クロスバイクに多いもっともポピュラーなタイプ。クッションが厚く、後部が幅広いため、お尻が安定し、痛くなりにくい。

お尻の痛みをなんとかしたい！②

→レディースタイプ

男性とくらべて骨盤の幅が広い女性向けに、後部が幅広くなっている。クッション性も高い。

お尻の痛みをなんとかしたい！③

→ジェル入りタイプ

ジェルを注入し、クッション性を高めたサドル。長時間乗っていてもお尻をやさしくサポート。

お尻の痛みをなんとかしたい！④

→穴あきタイプ

股間の痛みを緩和するために、男性用はサドルの前方に、女性用は中央に穴があいている。

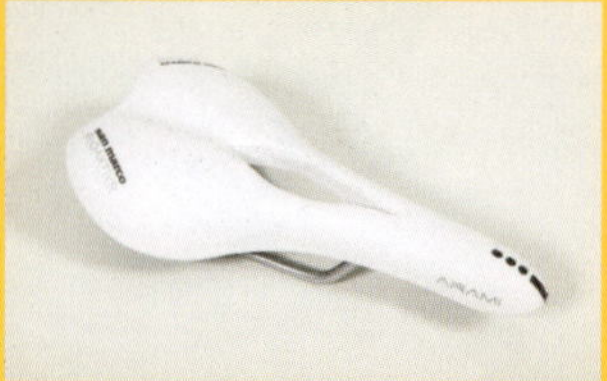

スピード重視！

→レース用

軽量第一のため、他よりクッション性は劣る。細くて薄く、体重移動をしやすいのが特徴。ロードバイク向け。

素材の味を楽しむ！

→革製

乗り続けているうちにお尻の形や座りグセにフィット。時間をかけてカスタマイズするようなもの。風合いもいい味に。

ADVICE

サドル交換せずに痛みを緩和したい！

→ジェル入りサドルカバー

クッション性のあるジェルを入れたサドルカバー。手持ちのサドルにかぶせるだけで痛みが改善されます。

06

「骨盤を測るための専用の道具があります」

ショップによっては、骨盤の幅を計測するための道具を用意しているところもあります。ジェル入りのパッドに座り、座面の凹みから骨盤の幅を測るもので、低反発性のクッションでも代用できます。ちなみに、お尻を座面に強く押しつけたときに、左右2か所でゴリゴリとあたるのが骨盤です。

最近は、骨盤の幅をもとにしたサドル選びを提案する自転車メーカーも増えてきました。たとえば、アメリカのスペシャライズドというメーカーでは、同じモデルのサドルでも、座面の幅の異なるタイプを取りそろえています。

スペシャライズドの骨盤幅計測器。ジェル入りのパッドに座って幅を計測する。

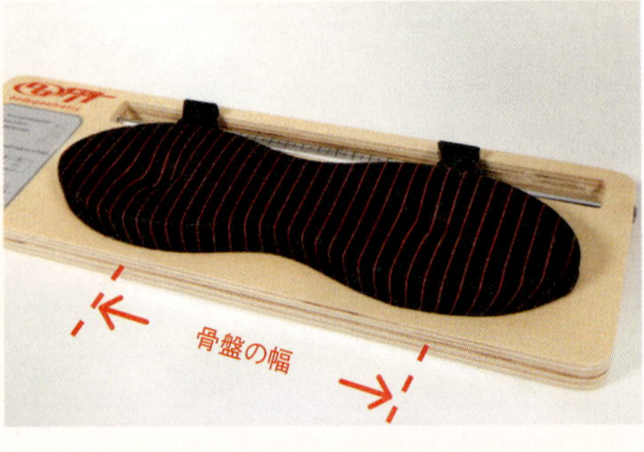

座面の凹んだ2点が骨盤の位置。この2点の距離が骨盤の幅。

2章
7

難易度 ★★☆
作業時間 20分
（慣れたら10分！）

ハンドルを調整する

ハンドルの高さや角度が体に合っていないと、
手首や肩に負担がかかり、体が痛くなったり、疲れやすくなります。
自然な前傾姿勢がとれるように調整してみましょう。

必要な道具

六角レンチ、
コラムスペーサー、
スタンド

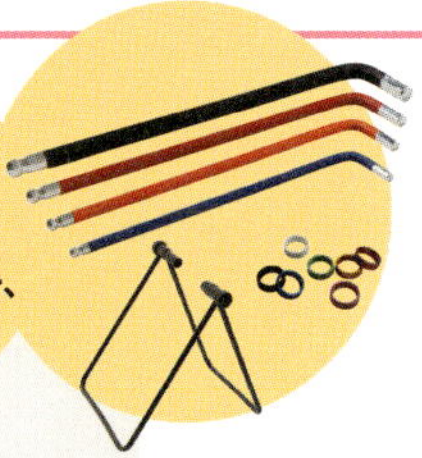

2章-7に登場するパーツの名前

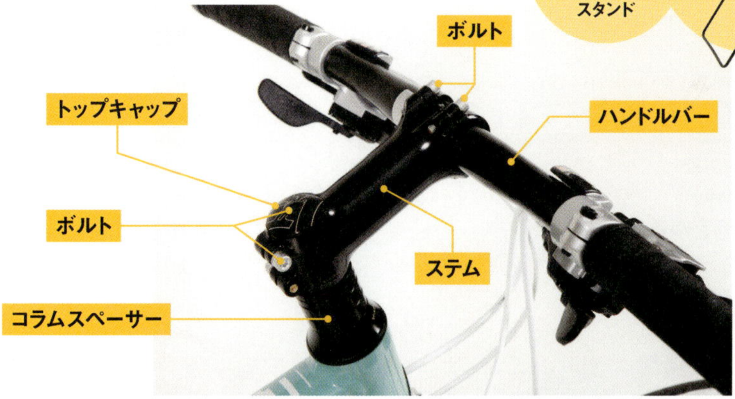

知っておきたいこと6

ハンドルの種類 >>>>

フラットハンドル

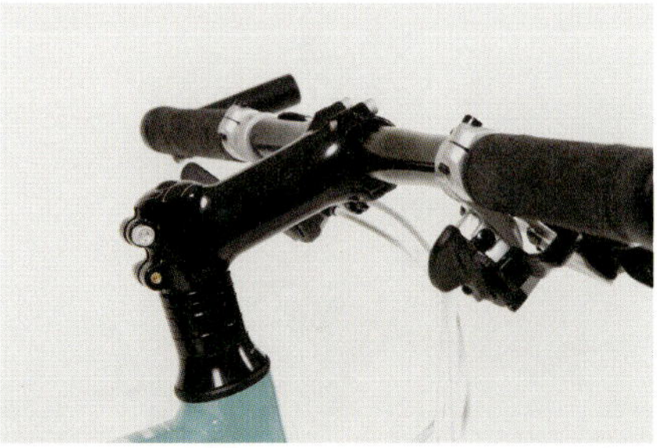

おもにクロスバイク、マウンテンバイク、ミニベロに採用されているハンドル。左右の幅が広いため、操作しやすく、初心者にも扱いやすい。

ドロップハンドル

ロードバイクに使われているハンドル。フラットハンドルより左右の幅が狭いため、空気抵抗が小さく、スピードが出る。

知っておきたいこと7

ステムの種類 >>>>

ステムとは、車体にハンドルをつけるための部品で、大きく分けて２種類あります。

アヘッドステム

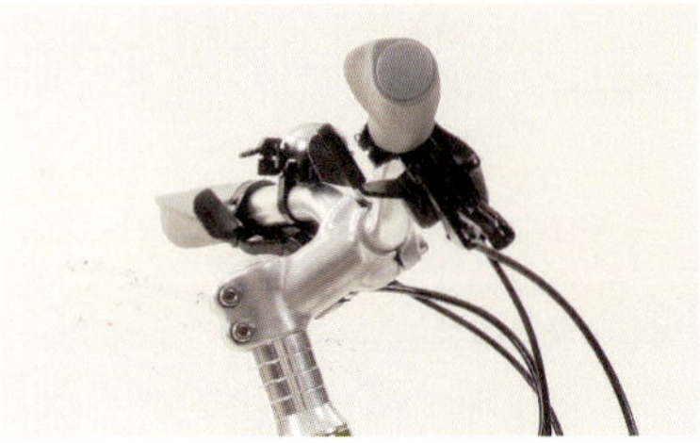

コラムスペーサーを入れ替えたり、枚数を増減させてハンドルの高さを調整する。

スレッドステム

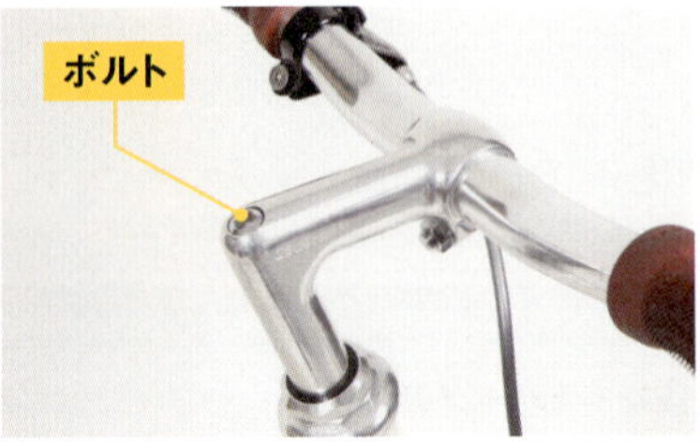

ボルトをゆるめてステムを上下させるだけで簡単に高さを調整できる。

ハンドルの高さを調整する（アヘッドステムの場合）>>>>

01 ステムのボルトをゆるめる

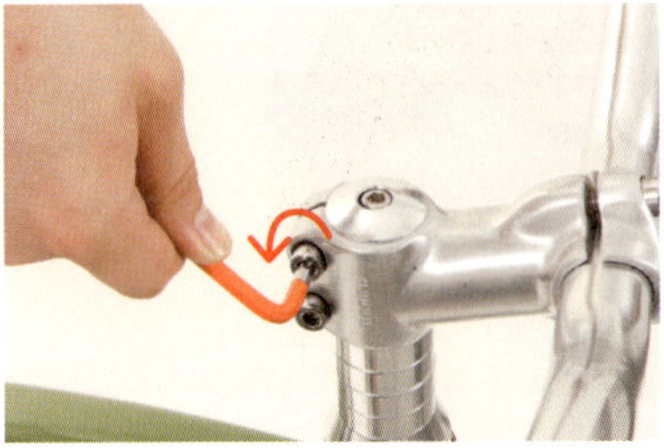

ステムを固定しているボルトを六角レンチでゆるめる。ボルトを取りはずす必要はない。

02 トップキャップのボルトをゆるめる

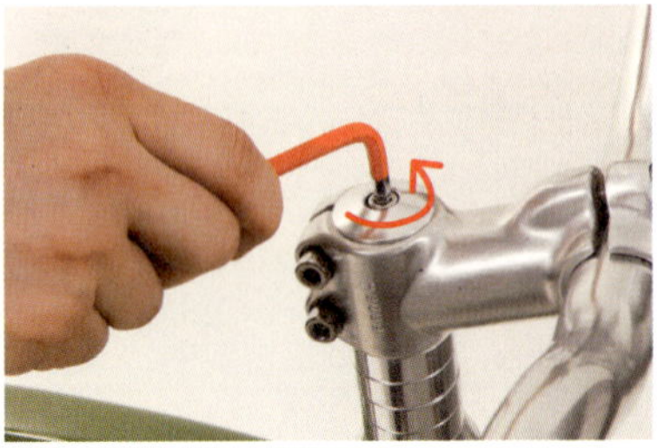

六角レンチを使う。

03 トップキャップを取りはずす

六角レンチをボルトに引っかけると取りやすい。

04 ステムを持ち上げてはずす

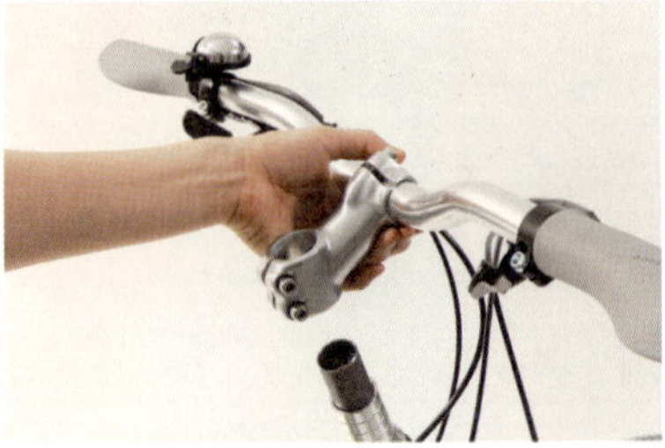

05 コラムスペーサーを入れ替えて高さを調整する

ADVICE

色、素材、幅……さまざまなコラムスペーサーが市販されています。1個200円程度と安価なので、自転車の雰囲気を変えるアクセントとしてもいいですね。

ADVICE

ステムより下のコラムスペーサーを増やせばハンドルが高くなり、減らせば低くなります。ただし、ハンドルを下げたときに、ステムの上に飛びだす部分が長い場合は、ぶつけたり引っかけたりして危険です。高さを決めたら、ショップへ持っていって切ってもらうことをおすすめします（工賃約3000円～）。

高い ←→ 低い

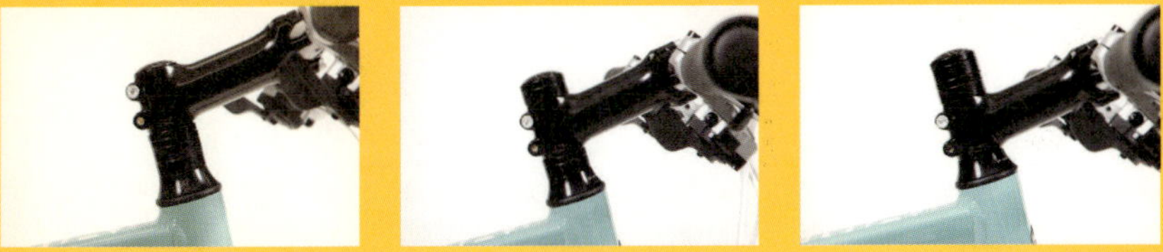

ハンドルの高さを調整する（アヘッドステムの場合） >>>>

06 ステムを戻す

ここでは、ハンドルの下にあった4枚のコラムスペーサーのうち、2つを上に移動して、その分ハンドルを下げた。

07 トップキャップを戻す

六角レンチでボルトをしめる。

08 ステムのボルトをしめる

01でゆるめたボルトをしめて完了。

ハンドルの角度を調整する >>>>

01 ハンドルを固定しているボルトをゆるめる

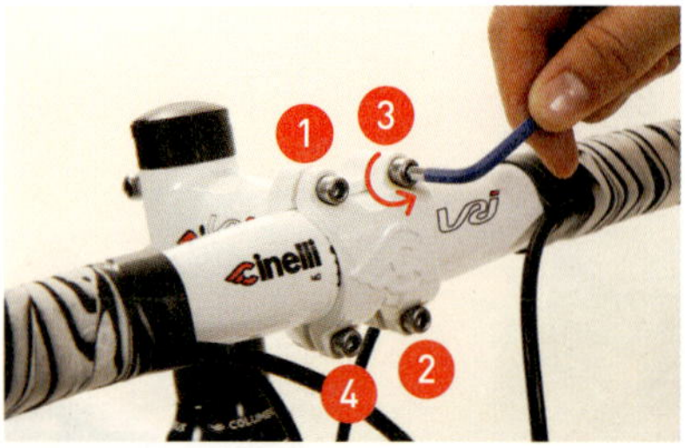

ボルト4本タイプの場合

均等にゆるむように「たすきがけ」の順（❶→❷→❸→❹）でボルトをゆるめる。

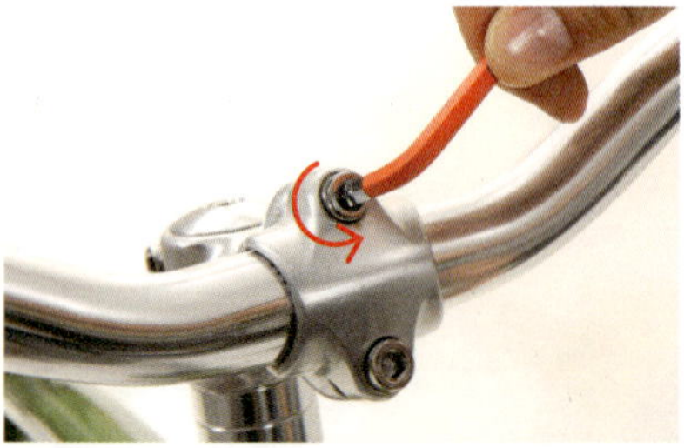

ボルト2本タイプの場合

上下それぞれを均等にゆるめる。写真はアヘッドステムだが、スレッドステムの場合も工程は変わらない。

02 ハンドルを上下に動かして角度を調整する

好みの角度に合わせる。

ADVICE

ハンドルへ軽く体重をあずけられる前傾姿勢が理想的です。フラットハンドルの場合は、ハンドルの角度を調整することはめったにありません。乗車姿勢に影響するほどの変化が起こらないからです。

角度を上げると上体が起きる。慣れるまでは、少し上げ気味にすると乗りやすい。

角度を下げると前傾姿勢になる。ただし極端な前傾姿勢は手首に負担がかかるのでNG!

03 ボルトをしめてハンドルを固定する

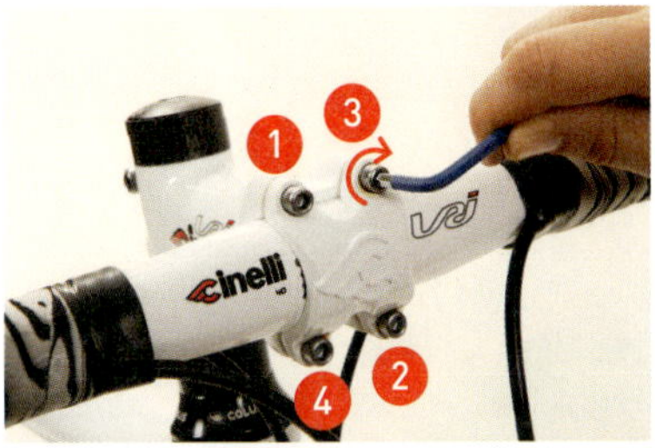

ボルト4本タイプの場合

均等にしまるように「たすきがけ」の順(❶→❷→❸→❹)でボルトをしめる。

ADVICE

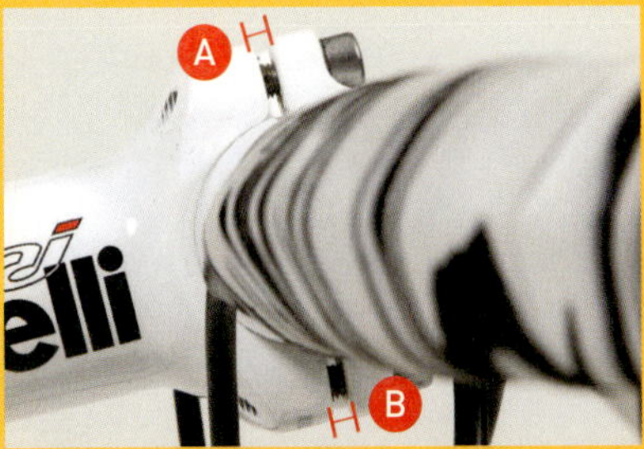

上下の隙間の幅(Ⓐ とⒷ)が均等になるようにしまっているかどうかをチェック!

COLUMN 2

ハンドルの正しい握り方をおぼえよう

「手が痛い」「すぐ疲れる」。その原因は、ハンドルの高さや角度にあるのではなく、握り方にあるのかも。フラットハンドルとドロップハンドルの握り方の基本を紹介します。

フラットハンドル

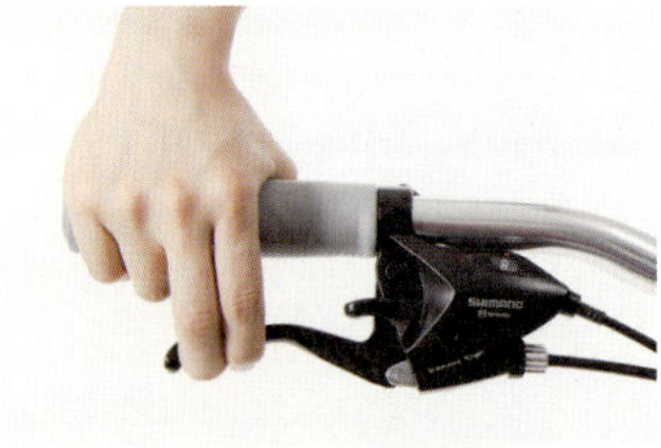

中指と人さし指をブレーキレバーにかけ、残りの指で軽くグリップを握る（グリップと手のひらの間に少しゆとりをもたせる）。握る場所が内側に寄りすぎると、ブレーキレバーを引きにくくなる。

ドロップハンドル

ブラケット部分
基本的なポジション。ブレーキをかけやすく、平地も登り坂も走りやすい。

フラット部分やドロップ部分を握っているとき、ブレーキをすぐ握れないのが不安な人は、片手をブラケット部分においておくと安心。とくにドロップハンドル初心者にはおすすめ。

フラット部分
疲れたときや、のんびり走りたいときに最適。

ドロップ部分
前傾姿勢になるので、スピードが出せる。

3章

自転車ともっと
長くつきあうための
メンテナンス

3章
8

難易度 ★☆☆
作業時間 各15分

汚れを落とす

油汚れや泥をほうっておくと、部品の傷みやサビの原因になります。
愛車に長く乗るためにも、月に一度は汚れを落としましょう。
雨の日に乗った場合は、なるべく早めに掃除することをおすすめします。

必要な道具

パーツクリーナー、
フレーム用ワックス、
ウエス、歯ブラシ

3章-8に登場するパーツの名前

チェーンまわりの掃除 >>>>

01 チェーンにパーツクリーナーを吹きかける

油汚れが混じったクリーナーがタイヤやリムにかからないように、チェーンの下にウエスをあててからクリーナーを吹きかける。

02 汚れをふき取る

チェーンをウエスでつかんで汚れをふき取る。チェーンを回して汚れた部分を移動させながら、01と02の作業を繰り返す。

03 スプロケットにパーツクリーナーを吹きかけてみがく

ギアとギアの間や、ギアの歯のミゾはパーツクリーナーを吹きかけて、歯ブラシでみがく。

07
ウエスに
最適な素材は？
P048

狭くて歯ブラシが入らないところには、細く切ったウエスを使う。汚れが飛び散りにくく、きれいにふき取れる。

チェーンまわりの掃除 >>>>

07

「着古したTシャツがベスト！」

メンテナンス用のウエスも市販されていますが、わざわざ買う必要はありません。Tシャツの素材はケバ立ちが少なく、いろいろなサイズに切って使うことができるので便利です。フレームの掃除から、チェーンやギアなどの細かいパーツの掃除まで幅広く使えます。

着古したTシャツ	タオル	キッチンペーパー
◎	○	△
ケバ立ちが少なく、フレームやギアなどあらゆるパーツの掃除に使える。	繊維が引っかかりやすいため、チェーンまわりの掃除には不向き。	油をよく吸い取る一方、ちぎれやすい。気軽に使い捨てができる分、少々割高。

フレームまわりの掃除 >>>>

01 乾ぶきして軽く汚れを落とす

泥汚れやホコリを乾いたウエスでざっとふく。

02 パーツクリーナーを吹きつけたウエスでふく

とくにチェーン付近は汚れがつきやすいので念入りに。

03 ワックスを塗って、ウエスでふく

フレーム用ワックスには汚れ付着防止効果もある。チェーンやリムにはワックスをかけないように注意！

3章
9

難易度 ★☆☆
作業時間 10分

オイルをさす

掃除をしたら、次はオイルをさしましょう。
チェーンは1か月に1回、チェーン以外は半年に1回程度が目安です。
こまめに注油した自転車ほど長もちします。

必要な道具

潤滑オイル
(またはチェーンオイル)、
グリス、サビ止め、
ウエス

3章-9に登場するパーツの名前

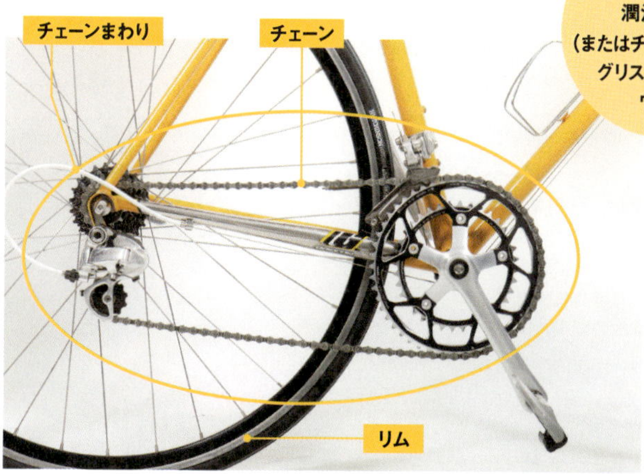

チェーンまわりの注油 >>>>

01 チェーンにオイルを吹きつける

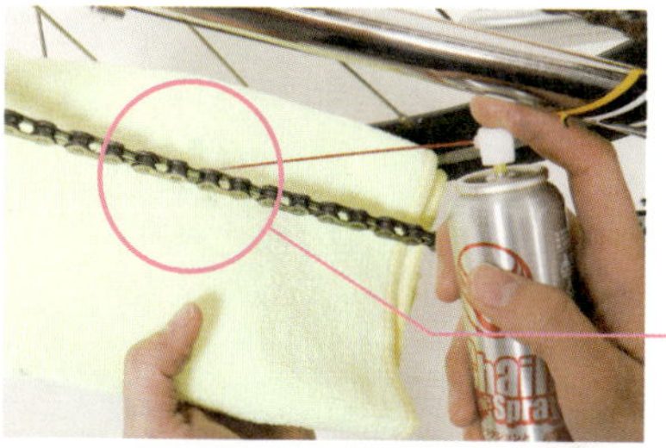

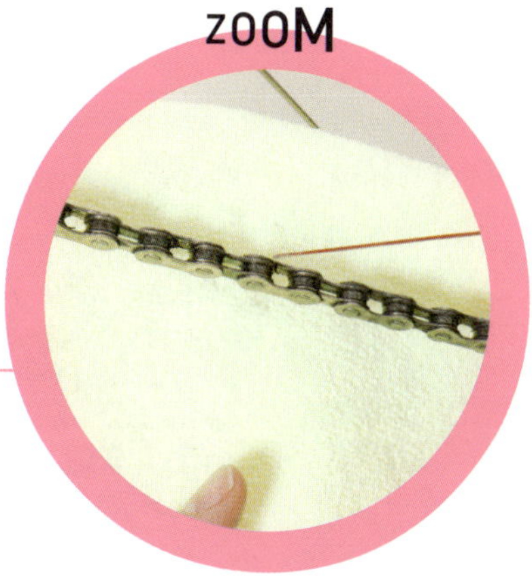

オイルが、タイヤやリムにかからないように下にウエスをあてる。チェーンのコマの1つずつにさすつもりでていねいに。

02 1〜2分おいてから余分なオイルをふき取る

オイルがチェーンにしみ込んだのを確認してから、余分なオイルをウエスでふき取る。これをしないと、オイルに汚れが付着してしまう。

ADVICE

リムにオイルがかかると、ブレーキが利かなくなってしまいます!!! ウエスでカバーして作業すれば大丈夫。

08

オイルをさしたらダメなところってほかにもある?

08

「ブレーキまわりのほか、軸まわりも厳禁です！」

ブレーキまわりは当然NG！　さらに、軸まわりもNGです。軸には、動きをよくするためにグリスが塗られていて、オイルをさすと、このグリスが流れ落ちてしまうのです。

01 ブレーキまわり ブレーキシューとリム

02 軸まわり クランクの軸

ハブの軸

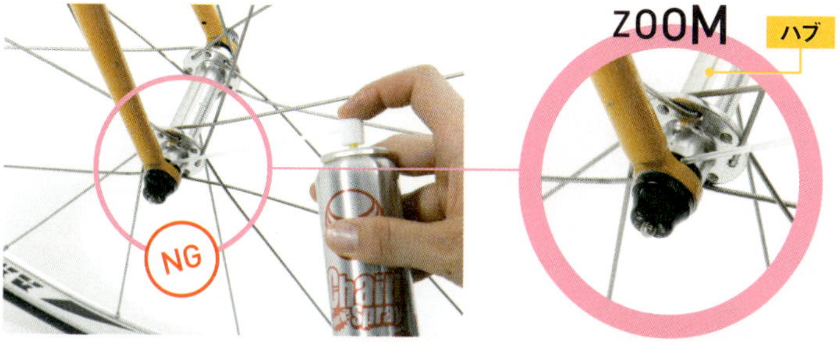

ステムの
差し込み部分

ペダルの軸

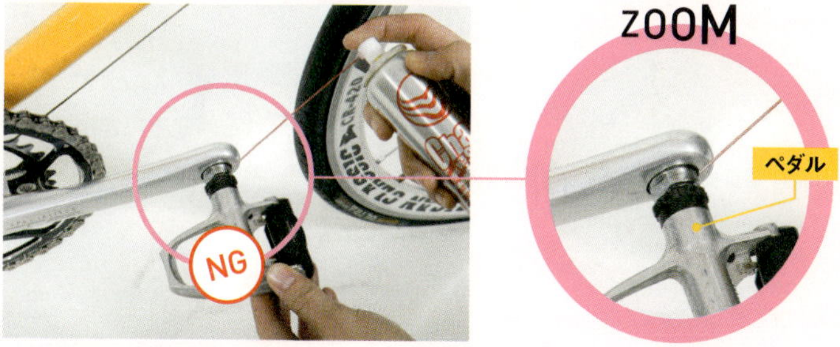

プーリーの軸

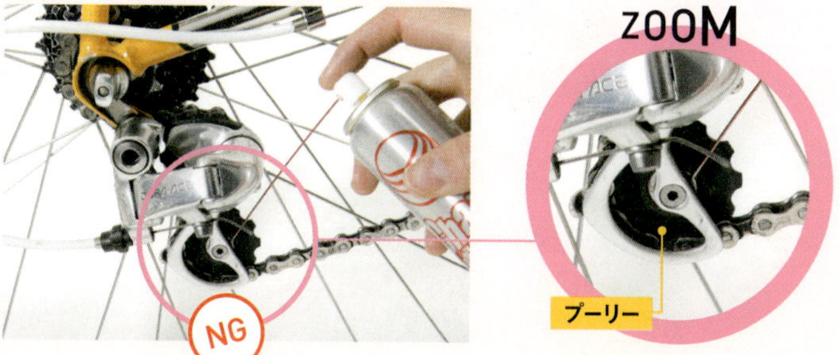

ADVICE

オイル、グリス、サビ止めの使いわけ方を紹介します。

オイル……粘度の低いサラッとした油。可動部分の動きをスムーズにします。大きく分けて、多目的に使える潤滑オイルとチェーン専用オイルの2種類があります。潤滑オイルはチェーンにも使えますが、もちが悪いため、こまめに注油する必要があります。

グリス……潤滑オイルよりも粘度が高く、べたっとしたクリーム状の油。ハブやクランクの軸など回転する部品に塗られています。しかし、こうした部品のメンテナンスは初心者にはむずかしいため、本書では、シートポストの動きが悪いとき（P. 034）とペダルをはずしたとき（P.145）に使う方法のみを紹介しました。

サビ止め……塗装されていない部分に塗ります。とくにボルトの頭はサビやすいため、自転車を購入したらすぐ塗っておくことをおすすめします。雨の日に乗ったり、海の近くに住んでいる場合は、こまめに塗りなおしましょう。

ハンドルまわり

ブレーキ、ホイールまわり

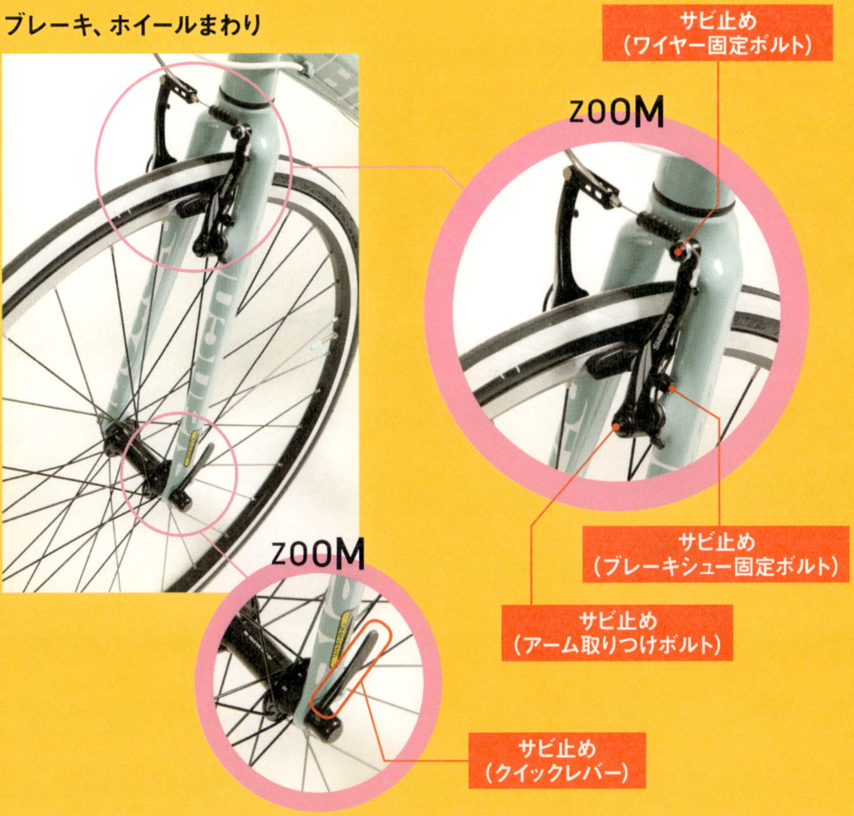

サドルまわり

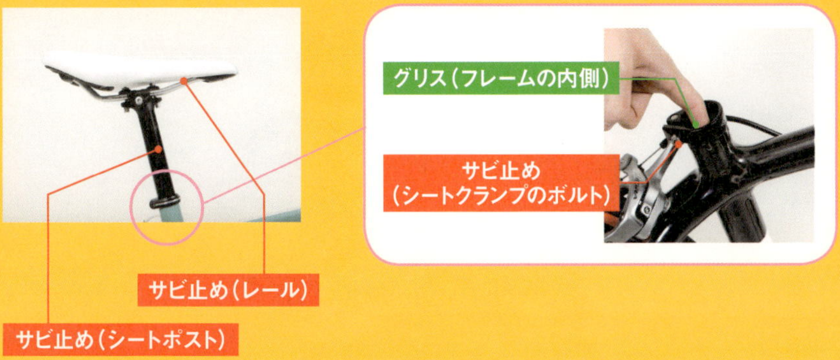

ADVICE

フレーム、チェーンまわり

COLUMN 3

シフトチェンジのしくみを知ろう！

“シフトチェンジ（変速）”は、スポーツバイクに乗る楽しみのひとつです。ギアを軽く（シフトダウン）して坂道をラクに登ったり、反対に重く（シフトアップ）してスピードを上げたり……。自分の思いどおりにシフトチェンジできると気分爽快！

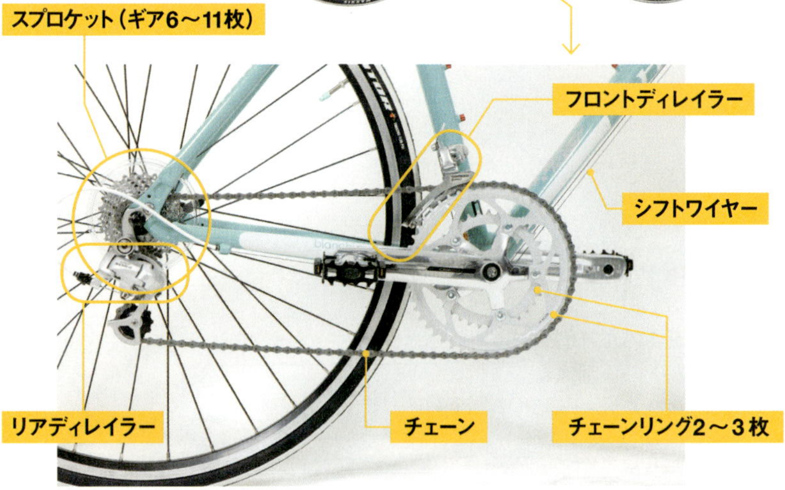

変速のしくみ ≫≫

スポーツバイクには、通常、前に2〜3枚の「チェーンリング」、後ろに6〜11枚の「ギア」（ギアの1セットをスプロケットと呼ぶ）がついています。ここでは、チェーンリングを「前ギア」、ギアを「後ろギア」と呼ぶことにします。「前ギア」を切り替えるのが、フロントディレイラー（ディレイラーとは変速機のこと）。後ろギアを切り替えるのがリアディレイラーです。切り替えは、ハンドルについているシフターで操作します。変速は、基本的にチェーンが回っている走行中にしかできません。

COLUMN 3

ギアのしくみを知ろう!

シフトアップとシフトダウン >>>>

シフトチェンジの基本は、後ろギアの切り替えです。後ろギアだけでは調整しきれないときには、前ギアを使います。

・平坦な道でスピードを出したいとき

↓

シフトアップ(ギアを重くする)

=外側のギアに変える

ペダリング(こぐ)1回転あたりの走行距離が長くなり、スピードを出せます。こぐのに力がいるため、足の筋肉をきたえることができます。

前ギアと後ろギアをもっとも外側にしたときが、「いちばん重いギア」。

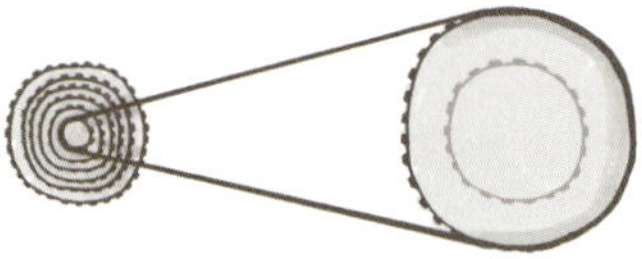

・坂道を登るとき

↓

シフトダウン(ギアを軽くする)

=内側のギアに変える

ペダリング(こぐ)1回転あたりの走行距離が短くなります。軽くこげて疲れにくいのが特徴です。スピードは出せませんが、少ない負担でペダルをたくさんこぐので、ダイエット効果も期待できます。

前ギアと後ろギアをもっとも内側にしたときが、「いちばん軽いギア」。

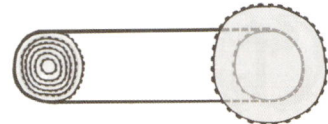

“チェーンのたすきがけ”に注意！

“たすきがけ”とは、上から見て、チェーンが斜めにかかっている状態。たすきがけになっていると、チェーンがはずれやすくなったり、チェーンやギアがすり減る原因にもなります。正しいギアの組み合わせをおぼえておきましょう。

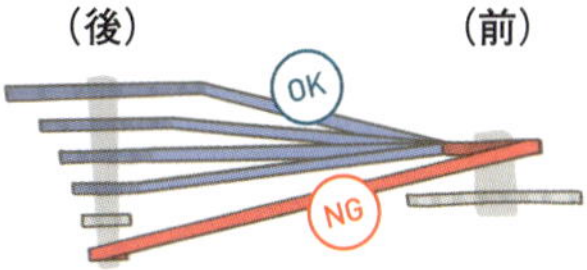

前ギアをもっとも内側にして、後ろギアをもっとも外側にかけるのはNG。

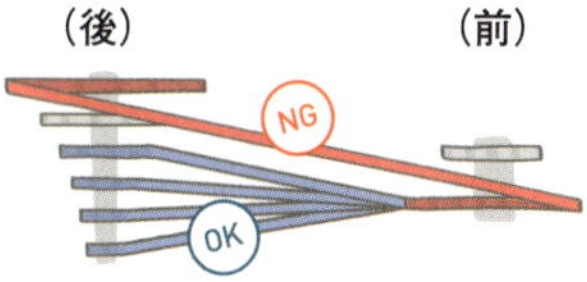

前ギアをもっとも外側にして、後ろギアをもっとも内側にかけるのはNG。

シフターの種類 >>>>

フラットハンドルはレバー式、ドロップハンドルはデュアルコントロール式が主流です。ほかに、グリップ式もあります。

レバー式（後ろギアの場合）

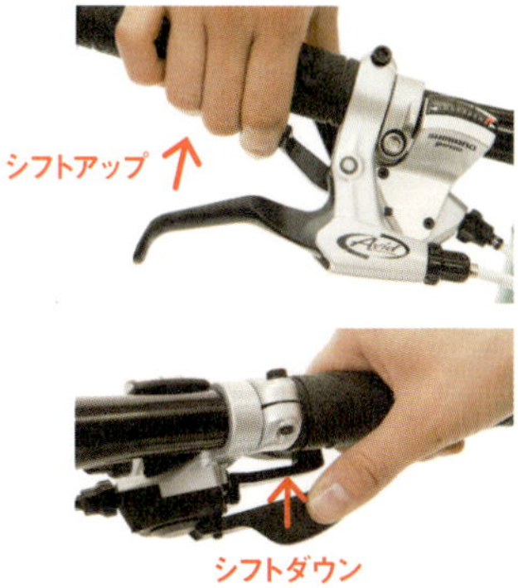

デュアルコントロール式（後ろギアの場合）

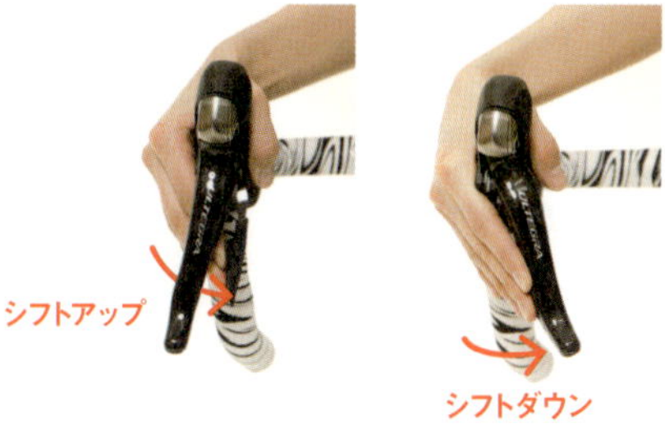

グリップ式（後ろギアの場合）

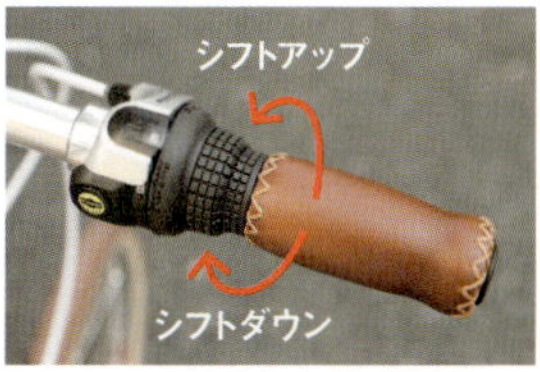

前ギアのシフターは左ハンドルに、後ろギアのシフターは右ハンドルについている。

3章
10

難易度 ★☆☆
作業時間 20分
（慣れたら10分！）

グリップを交換する（フラットハンドル）

ゆるんだり、表面がすり減ったグリップを使い続けていると、
手がすべってハンドル操作を誤るおそれがあるので、とても危険！
グリップが古くなってきたら交換しましょう。

必要な道具

パーツクリーナー、
マイナスドライバー

3章-10で登場するパーツの名前

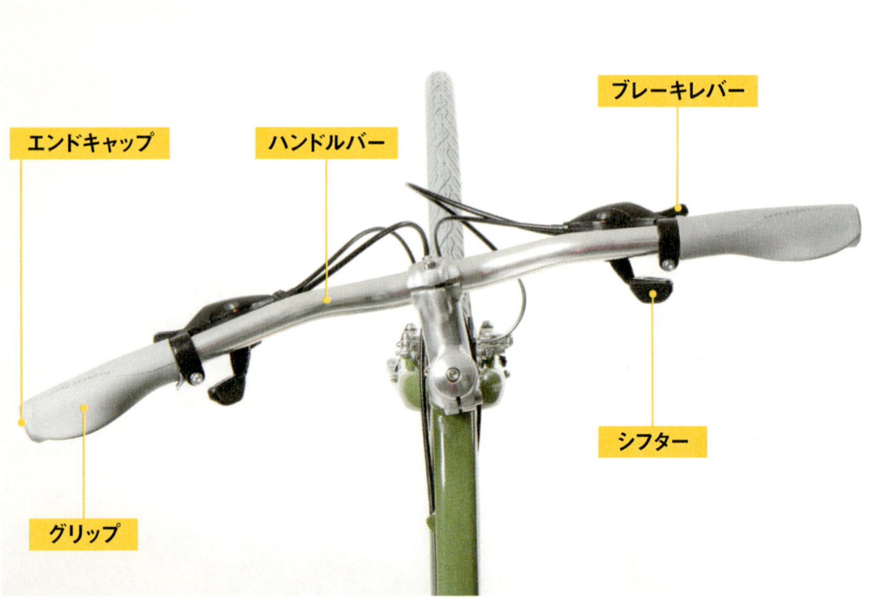

知ってておきたいこと8

グリップの長さ ››››

グリップの内径はどれも同じですが、長さはさまざまです。
なかには、自分で切って長さを調整できるタイプもあります。
買い替える前に、長さを測っておけば失敗しません。

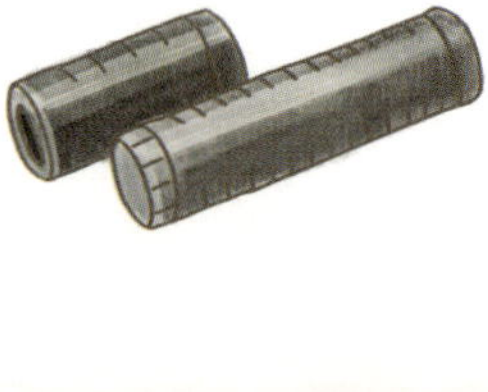

グリップをはずす >>>>

01 エンドキャップをはずす

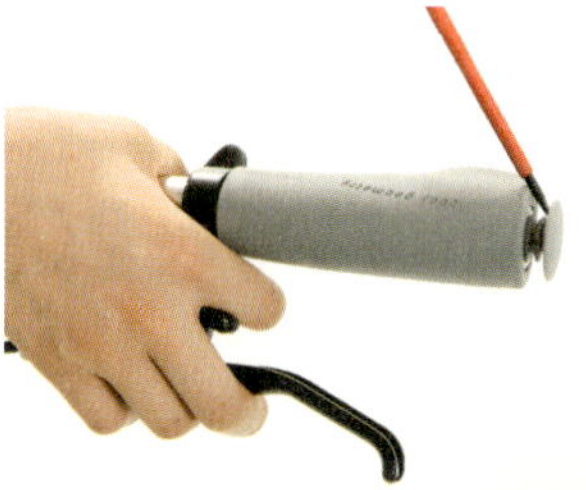

マイナスドライバーを差し込んではずす。

09

あれ?
エンドキャップがない!

02 パーツクリーナーを吹きつけてすべりをよくする

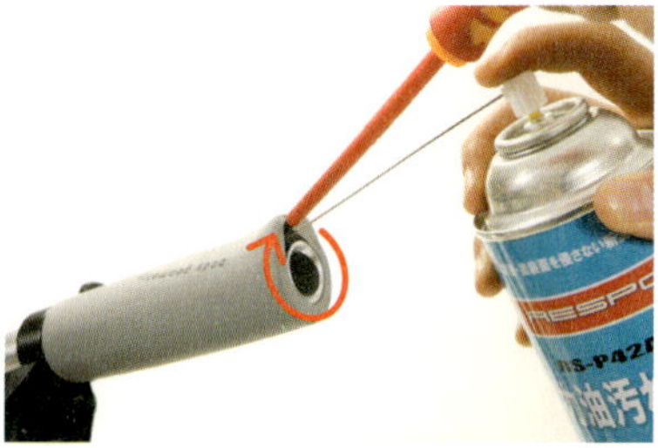

マイナスドライバーをグリップとハンドルの間に差し込み、すき間にパーツクリーナーをぐるりと吹きつける。

03 グリップを引き抜く

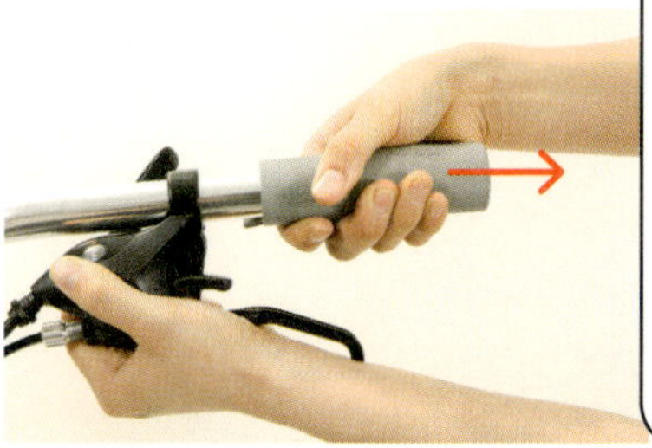

グリップを回しながら引き抜く。抜けないときは、もう一度パーツクリーナーを吹きつける。

10

グリップが抜けない!

P060 ▶

09

「ブレーキレバー側からパーツクリーナーを注入してはずします」

エンドキャップが一体化しているグリップは、次の方法ではずしましょう。

1 ブレーキレバーを内側にずらす

六角レンチでボルトをゆるめてずらす。

2 パーツクリーナーを吹きつける

02と同様に、マイナスドライバーをグリップとハンドルバーの間に差し込み、パーツクリーナーを吹きつけてグリップを引き抜く。

グリップをはずす >>>>

10

「①マイナスドライバーを差し込む。②パーツクリーナーを吹きつける。これを繰り返します」

マイナスドライバーを少し差し込んで、パーツクリーナーを吹きつけ、また少しドライバーを奥に差し込む。この作業を繰り返して、少しずつはがしていきます。このとき、無理にドライバーを差し込むと、ハンドルバーを傷つけることがあるので注意！　抜けないからといってオイルを使うのは厳禁！　いつまでもヌルヌルして、新しくつけたグリップが動いてしまいます！

11

それでも抜けない……

11

「カッターで切ってしまいましょう」

もう使わないグリップですから、カッターで切ってしまいましょう。刃でハンドルバーを傷つけないように注意してください。

グリップを取りつける >>>>

01

グリップの内側にパーツクリーナーを吹きつける

すべりをよくするため、新しいグリップの内側に、まんべんなく行きわたるように吹きつける。

ADVICE

パーツクリーナー量が多いとグリップが固定されなくなってしまうので注意！

ADVICE

パーツクリーナーのなかには、ゴム素材に使えないものもあります。使う前に確認しましょう。

グリップを取りつける >>>>

02

パーツクリーナーが
乾かないうちに
グリップを一気に差し込む

そのまま1時間ほど乾燥させる。

12 グリップの長さが合わなかった!

ADVICE

差し込む途中でストップすると、そこで固まってしまうことがあります! 途中でつかえてしまったら、はずすときと同じ要領で(P.059)パーツクリーナーを吹きつけてすべりをよくし、差し込みましょう。

ADVICE

ボルトで固定するボルトオンタイプのグリップの場合は、パーツクリーナーは必要ありません。

12

「ブレーキレバーの位置をずらして、グリップの長さに合わせます」

長さを測ってから購入するのが、もちろん基本。でもどうしても合わなかったらブレーキレバーをずらします。

1 ブレーキレバーの位置を確認する

ここでは、1cmほどグリップが余っている。

2 ブレーキレバーを内側に移動させる

ブレーキレバーとシフターのボルトを六角レンチでゆるめて、ともに内側へ移動させる。

ADVICE

グリップにはさまざまな素材や形状があり、それぞれ個性的。
自分に合ったグリップを探してみましょう。

おもな素材

ゴム

手がすべりにくい。デザインやカラーのバリエーションも豊富だが、紫外線に弱く劣化しやすい。

スポンジ

クッション性が高く、握り心地抜群。ただし、手がすべりやすく、マウンテンバイクには不向き。

コルク

コルク独特のさらっとした感触と、ほどよい弾力性が特徴。水に弱いため、雨ざらしは厳禁！

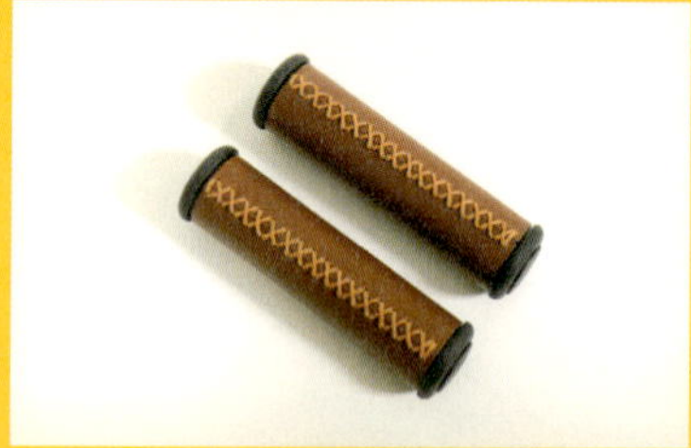

合成皮革

雨にぬれても大丈夫なので取り扱いがラク。比較的安価に革の風合いを楽しめる。

選び方のポイント

街乗りがメイン

→ 快適性を重視！　クッション性の高い少し太めのグリップが◎。

しっかり走りこみたい

→ ハンドルの固定力が高い、細めですべりにくいグリップが◎。

手が小さい

→ 手のひらで覆いきれるよう、細めのグリップが◎。

手が疲れやすい

→ 手の接触面積が広く、力が分散されて負担が少ないコンフォートタイプが◎。

コンフォートタイプのグリップ。

3章
11

難易度 ★★☆
作業時間 60分
（慣れたら20分！）

バーテープを交換する（ドロップハンドル）

古くなると、見た目に悪いだけでなく、握ったときにゆるんで危険です。
バーテープは、色もデザインもさまざま。
自転車の雰囲気も一新できて楽しい！

必要な道具

パーツクリーナー、
マイナスドライバー、はさみ、
エンドキャップ、
フィニッシングテープ、
バーテープ、ウエス

3章-11に登場するパーツの名前

バーテープをはがす >>>>

01
ブラケットをめくる

ブレーキレバーを覆っているブラケット（ゴム製のカバー）をめくる。

02 フィニッシングテープをはがす

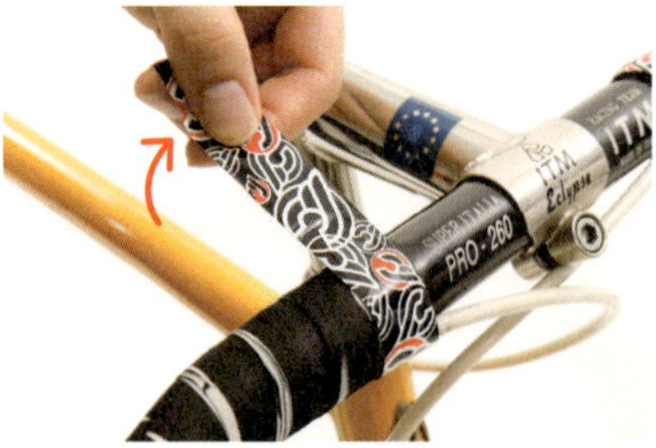

バーテープを固定しているフィニッシングテープをはがす。

03 バーテープをはがす

ハンドルバーの中央に近いほうからバーテープをはがしていく。

04
エンドキャップをはずす

マイナスドライバーをエンドキャップとハンドルバーの間に差し込んではずす。

05

ハンドルに残った汚れを取る

パーツクリーナーを吹きつけて、ウエスでふき取る。

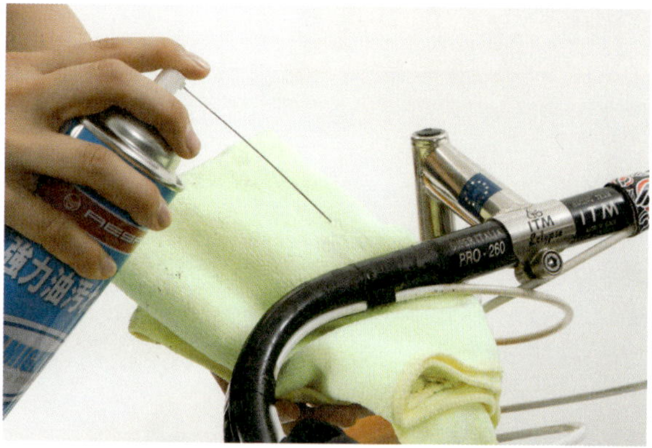

バーテープを巻く ≫≫

01

ブラケット部分に巻くバーテープを切る

ブラケットに新しいテープをあてて切る（およそ10㎝）。ブラケット部分用にあらかじめカットされている場合もある。

02

01で切ったバーテープを貼る

ブラケットの裏側の取りつけ金具を覆うように貼る。

03
バーエンドから巻きはじめる

残りのテープをバーエンドから巻く。1cmほど余らせて巻きはじめる。

13
巻く方向って決まっている?

04
3分の1ほど重ねながら巻いていく

テープの幅の3分の1に重ねながら巻いていく。ゆるまないように少し引っぱりながら巻くと、きれいに巻ける。

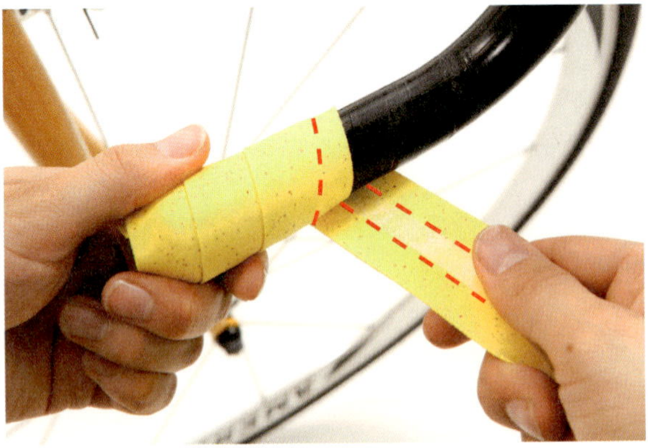

ADVICE

グリップを太くしようとして重ねる幅を増やすと、バーテープが足りなくなってしまいます。太くしたいときは、ジェル入りのバーテープがおすすめ。

13

「左右対称に巻くと見た目がきれいですよ」

巻く方向に決まりはありませんが、左右対称に巻くと仕上がりがきれいです。また、一説には、ぞうきんをしぼるときの手の動きと同じ方向に巻くとゆるみにくいとか。ハンドルを握る力の向きと同方向に巻いておくと、握るたびにテープがきつくしまっていくようです。

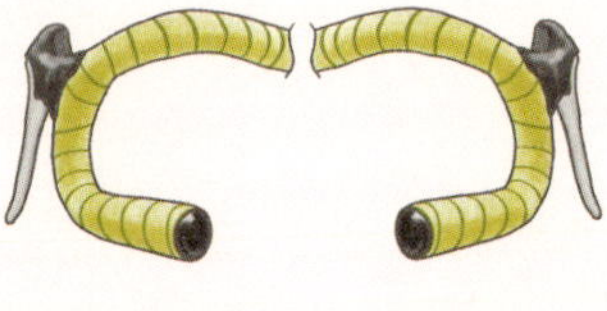

05

引っぱりながら ブラケット部分にも巻く

ブラケットまわりはカーブが大きく、バーテープがたるみやすい。バーの内側は重ねる幅を広くし、外側は狭くするときれいに巻ける。

06

バーの太さが変わる 手前まで巻く

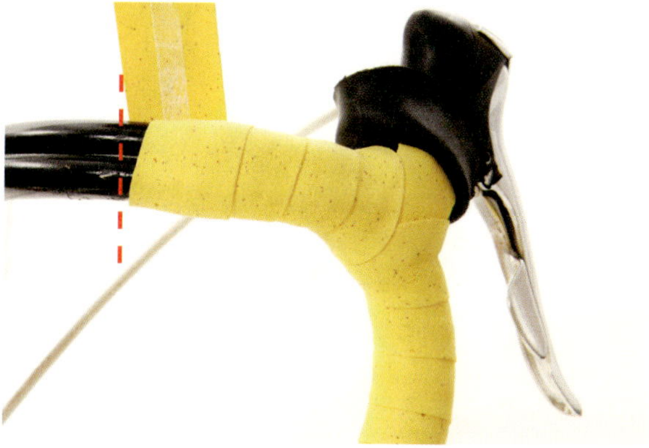

07

余分なバーテープを切る

ハンドルに対して垂直に切る。

08 テープの最後まで巻ききる

09 フィニッシングテープを巻く

フィニッシングテープ

10 バーエンドにエンドキャップをはめる

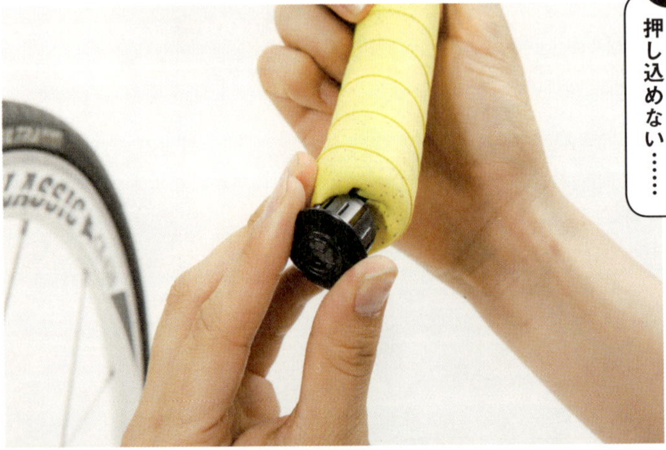

余らせておいたテープを内側に押し込み、エンドキャップをはめる。

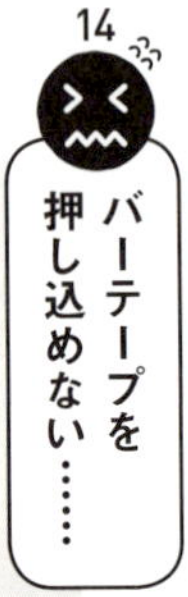
14
バーテープを
押し込めない……

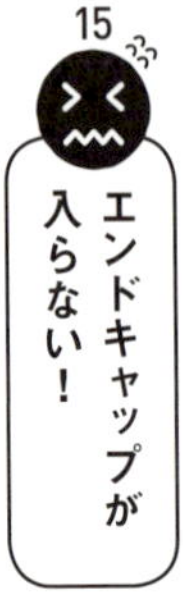
15
エンドキャップが
入らない！

11 ブラケットをもとに戻す

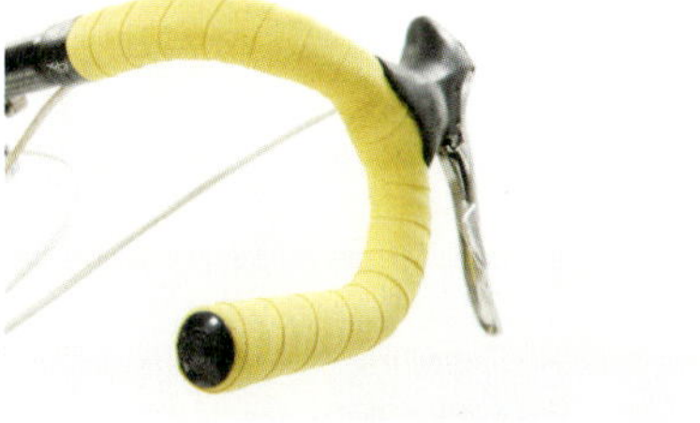

めくっておいたブラケットを戻して完成。

14

「はさみで切り込みを入れましょう」

ハンドルの内径が小さいと、バーテープが折り重なって入らないことがあります。4か所ほどハサミで切り込みを入れると、押し込みやすくなります。

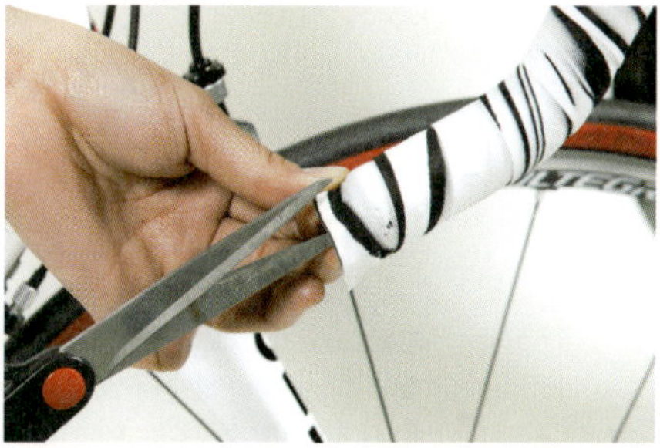

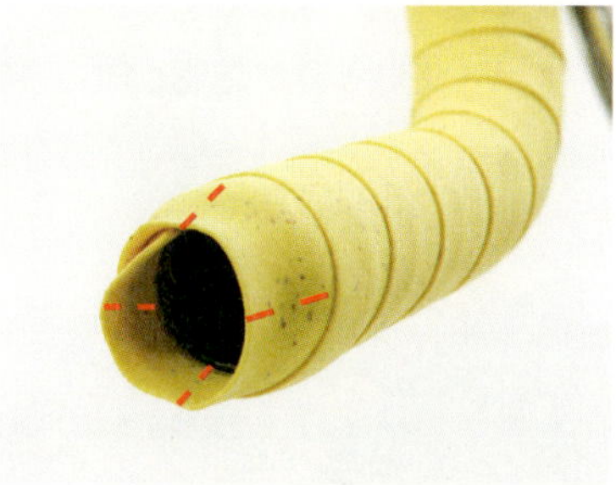

15

「ハンマーで軽く叩いてみましょう」

ゴム製のハンマーでエンドキャップを軽く叩いてみてください。バーテープがはみ出しそうだったらマイナスドライバーで押し込みながらエンドキャップをはめます。どうしてもエンドキャップが入らない場合は、余ったテープを切りとってしまってもOK。

COLUMN 4

ショップに聞きたい6つの疑問

Q1 「専用オイルのかわりに市販の機械用油を使ってもいい?」

A 自転車専用オイルのほうがベターです。

使いやすいポピュラーな機械用油に、たとえば「KURE5-56」があります。もちろん自転車にも使うことはできますが、自転車専用オイルにくらべると長もちしません。応急の場合に使うのはかまいませんが、やはり自転車専用オイルを用途別に使いわけることをおすすめします。

Q2 「自転車からへんな音がする!」

A まず、どこから音がしているのか確認しましょう。

ブレーキをかけたときに「キー」!

原因① ブレーキシューに異物が刺さっている、もしくはブレーキシューがすり減っている。

↓

対策 ブレーキシューを交換する(P.129)。

原因② ブレーキシュー取りつけ位置がずれてしまっている。

↓

対策 ブレーキシューを自転車の進行方向に対して「ハの字」になるように調整する(トーイン調整)作業が必要(P.098)。ただし、初心者にはむずかしいのでショップで調整してもらおう。

乗っているときにハンドルから「ガタガタ」

原因 ハンドルを固定しているボルトやステムを固定しているボルト、トップキャップのボルトのいずれかがゆるんでいる。

↓

対策 しっかりしめなおす(P.039)。

乗っているときにサドルから「ゴトゴト」

原因① シートクランプの固定があまい。

↓

対策 ボルトタイプの場合は、ボルトをしめなおす。クイックレバータイプの場合は、ナットをしめなおし、レバーをしっかり倒す(P.035)。

原因② サドルを固定しているボルトがゆるんでいる。

↓

対策 しっかりしめなおす(P.036)。

乗っているときにホイールから「ガタガタ」

原因 クイックレバーや、ブレーキまわりのボルトがゆるんでいる。

↓

対策 しっかりしめなおす。異音の発生場所を確かめるには、前・後輪を地面から10cmほど持ち上げて、落としてみる。

Q3 「部品交換ってどのくらいの頻度でするもの？」

A 交換頻度の高い順に、ブレーキシュー＞チューブ＞バーテープ、グリップ＞タイヤです。

ブレーキシュー：パッドがすり減ってきたら交換する。雨の日に乗ると磨耗が早い。

チューブ：パンクを繰り返して、何度も修理したものは交換する。

バーテープ、グリップ：すべりやすかったり、汚れが気になったら交換のタイミング。

タイヤ：ヒビが入ったり、ミゾがすり減ってきたら交換。雨ざらしで紫外線を浴びていると、ヒビが入りやすい。

ブレーキシュー	約6か月	約1000円〜セット
チューブ	約1年	約800円〜本
タイヤ	約1年	約2000円〜本
バーテープ、グリップ	古くなったら	約1000円〜セット

このほかに、ワイヤー、チェーン、スプロケット、チェーンリング、ホイールも時間とともに劣化します。これらの交換はむずかしい作業なので、ショップに相談しましょう。

Q4 「自分に合ったハンドルの幅がわからない」

A フラットハンドルの場合は、肩幅よりもこぶし約2つ分長いもの。ドロップハンドルの場合は、360〜380㎜が目安です。

フラットハンドル

フラットハンドルの幅は、どの自転車でもほぼ同じ。女性には広すぎる場合が多いので、ショップで両端を切り詰めてもらいましょう（工賃約1500円）。金ノコがあれば、自分でもカットできます。

これでは長すぎる。肩幅よりもこぶし1つ分、外側を握った幅がベスト。

ドロップハンドル

ドロップハンドルの幅は400〜420㎜がスタンダードですが、男性とくらべて体の小さい女性には360〜380㎜がおすすめ。快適なライディングを楽しむため、体に合ったハンドルを選びましょう。

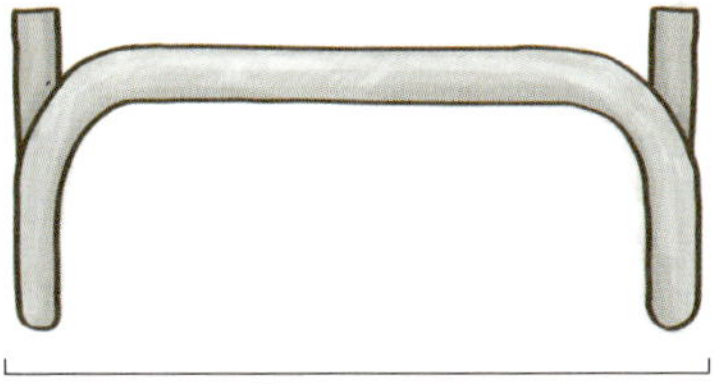

幅360〜380㎜

COLUMN 4

ショップに聞きたい6つの疑問

Q5 「乗っているとなんだか疲れる……」

A 正しい姿勢で乗っているか チェックしましょう。

まちがった姿勢で乗り続けるのは、疲れや痛みの原因になります。余計な力を入れずにハンドルを握り、ひじや手首を自然に伸ばします。前傾姿勢になればなるほどスピードを出しやすくなるものの、腰や背中への負担が大きくなるのでほどほどに。

Q6 「フレームにサイズってあるの?」

A あります。サイズによって フレームのデザインも変わることもあります。

フレームのサイズが体に合っていないと、痛みや疲れの原因になります。サイズ表記はメーカーによってバラバラ。また、同じモデルでもサイズによってデザインが異なる場合がある（Lサイズはトップチューブが水平だが、Sサイズは斜めになっている、など）ため、購入するなら、実物を見てからにして。女性用サイズや女性用モデルをつくっていないメーカーも多いので要注意。スペシャライズドというメーカーは、クロス、マウンテン、ロード全カテゴリーで女性用モデルを製造しているので参考にしてみては？

4章

ピンチのときも大丈夫！トラブル解決法

「12-1.ブレーキを開く・閉じる」、「12-2.クイックレバーをゆるめる・しめる」、「12-3.前輪をはずす・はめる」、「12-4.後輪をはずす・はめる」は、トラブル解決のために必要な基本テクニックです。

4章

12-1

難易度 ★☆☆
作業時間 各5分
（慣れたら各1分！）

ブレーキを開く・閉じる

ブレーキシューを交換したり車輪を取りはずすには、
ブレーキを“開く”（ブレーキシューをリムから離す）必要があります。
Vブレーキとキャリパーブレーキとでは方法が少しちがうので注意。

必要な道具

軍手、
六角レンチ

4章-12-1に登場するパーツの名前

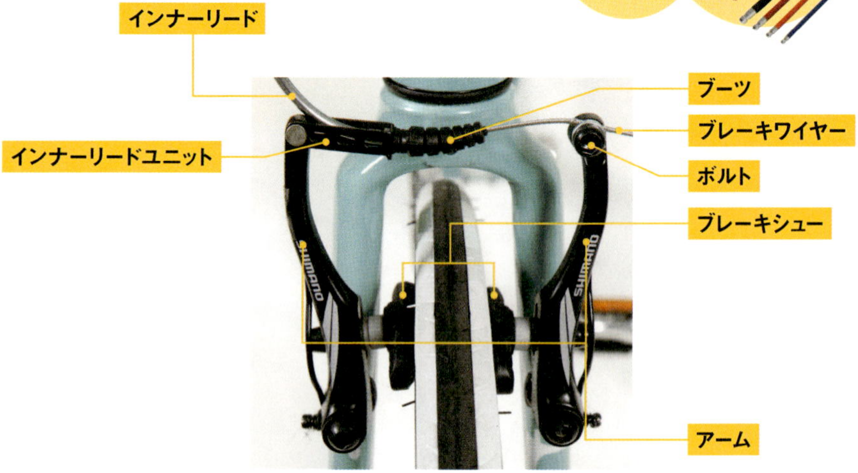

Vブレーキ

正面から見たときに、左右のアームがVの字に見えるので「Vブレーキ」と呼ばれる。幅の広いタイヤにも使いやすく、マウンテンバイクやクロスバイクに多く採用されている。

キャリパーブレーキ

幅の狭いタイヤに向いているため、おもにロードバイクに採用されている。ブレーキワイヤーが片側にしかない、「サイドプルブレーキ」と呼ばれるタイプが主流。

知っておきたいこと9

ブレーキの閉じ・開き

閉じた状態（通常の状態）

ブレーキレバーを握ると、ブレーキが利く。

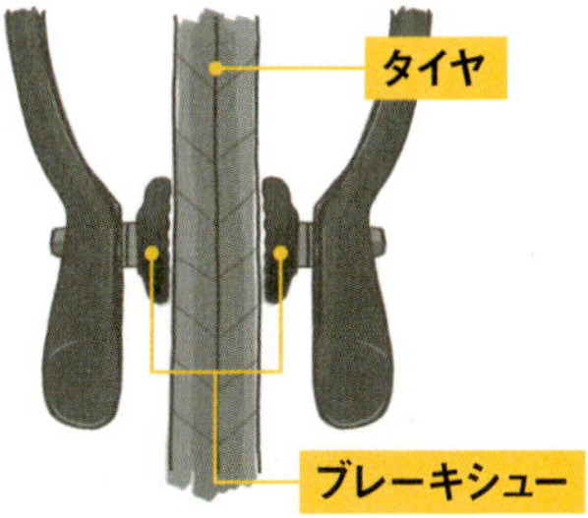

Vブレーキ

キャリパーブレーキ

開いた状態

ブレーキレバーを握ってもブレーキが利かない。

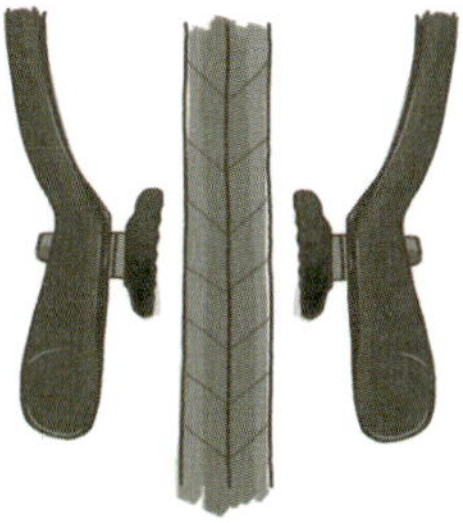

Vブレーキ

キャリパーブレーキ

ブレーキを開く（Vブレーキの場合）

01 インナーリードを外側に引っぱる

インナーリードユニット（以下ユニット）が動かないように右手でアームを固定しながら、左手でインナーリード（以下リード）を引っぱる。

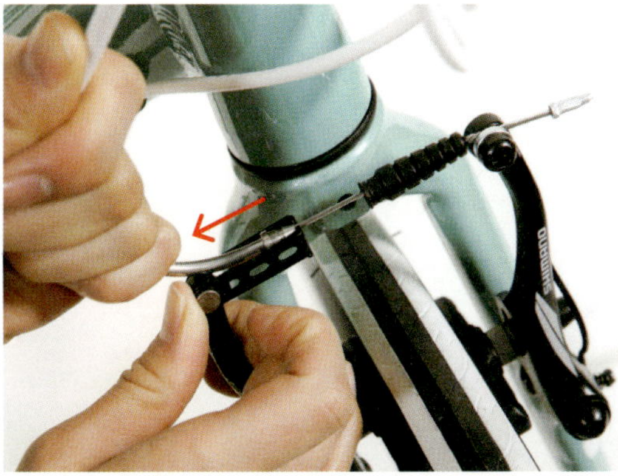

02
ユニットから
リードをはずす

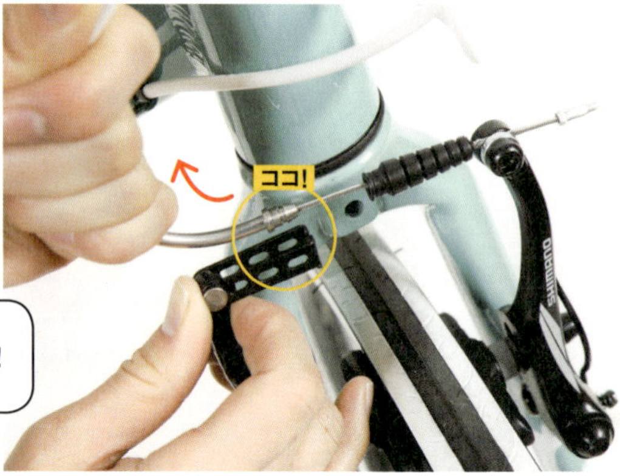

16

リードがはずれない！

16

「アームを内側に押すと、はずしやすくなります」

インナーリードをはずすのが苦手な女子は少なくありません。
あわてずに、次の手順を試してみてください。

1 ブーツをずらす

リードの先端についている「ブーツ」は、リードに泥や水が入るのを防ぐためのもの。このブーツをリードから離す。

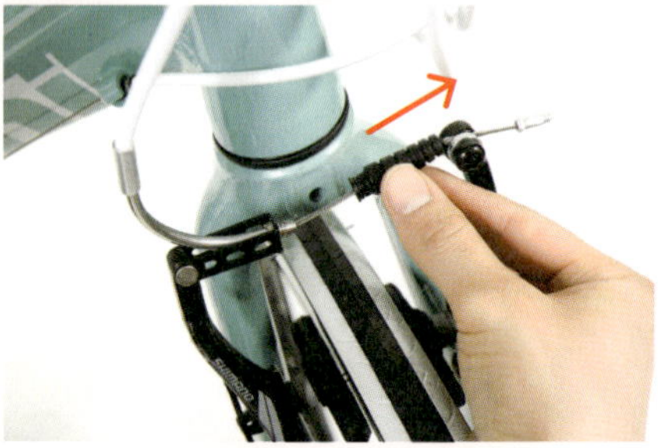

2 アームを内側に押してリードをゆるめる

アームを右手でつかみ、ギュッと内側に押すと、リードがゆるんではずしやすくなる。アームを押すときはかなり力がいる。

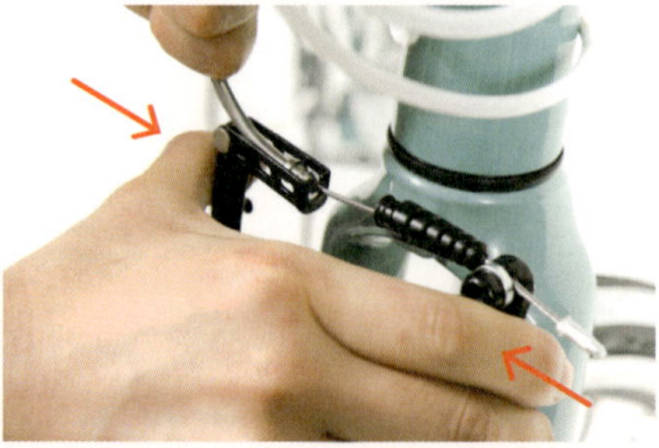

3 **ユニットの凹みからリードをはずす**

アームを押したまま、リードを上に引き抜く。

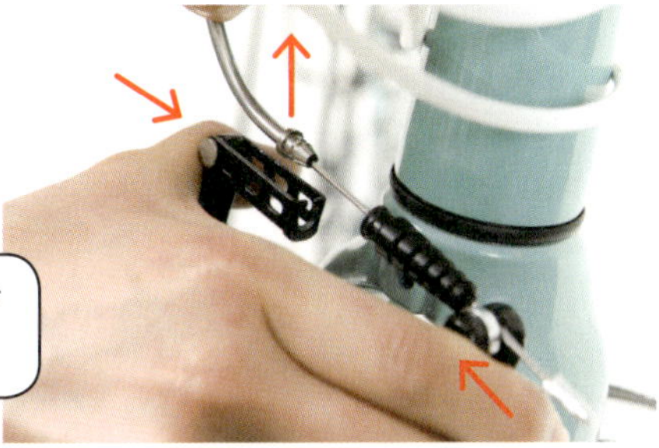

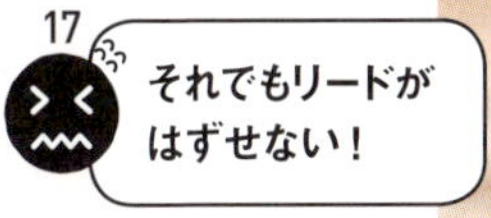

「ブレーキワイヤーをゆるめてみましょう」

ブレーキワイヤーの張りがきつすぎると、どうやってもはずれないことがあります。
まずAの方法を試してみて、それでもうまくいかないときはBを試してみてください。

A **ブレーキレバーのアジャスターを回す**

アジャスターを時計まわりに回すと、
ワイヤーの張りがゆるくなる。

ADVICE

アジャスターは、ブレーキの利きの「緩急」を調整するパーツです。アジャスターがブレーキレバーから離れているほどワイヤーの張りがきつく、ブレーキの利きが速くなります。反対に、アジャスターの位置がブレーキレバーに近いほどワイヤーがゆるむので、ブレーキの利きもゆるやかになります。

P124 ▶

B **ワイヤーを固定しているボルトをゆるめる**

六角レンチで、ワイヤーをアームに固定している
ボルトをほんの少し（1〜2㎜）ゆるめる。

ADVICE

作業後は必ずしめなおしましょう。ゆるんだままだととても危険。安全なところで試し乗りをしてみて、心配ならショップで見てもらいましょう。

ブレーキを閉じる（Vブレーキの場合）>>>>

01

リードを外側に引っぱる

右手でアームを押さえながら、左手でリードを外側に引っぱる。

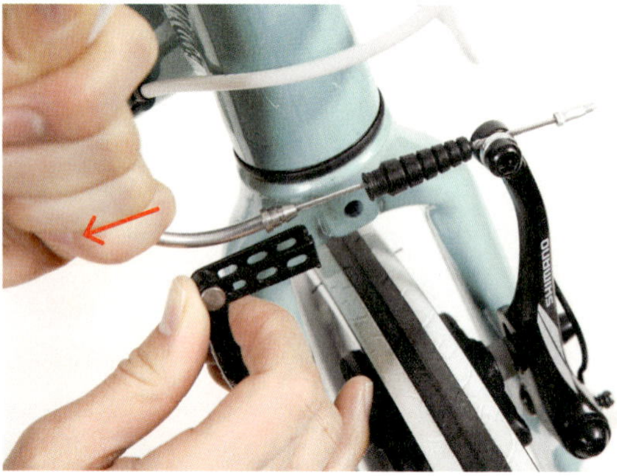

02

ユニットの凹みにワイヤーをはめる

人さし指でユニットを持ち上げて、ワイヤーを通したらリードから手を離す。こうするとスムーズにはめられる。

ブレーキを開く・閉じる（キャリパーブレーキの場合）>>>>

つまみを起こすと開く

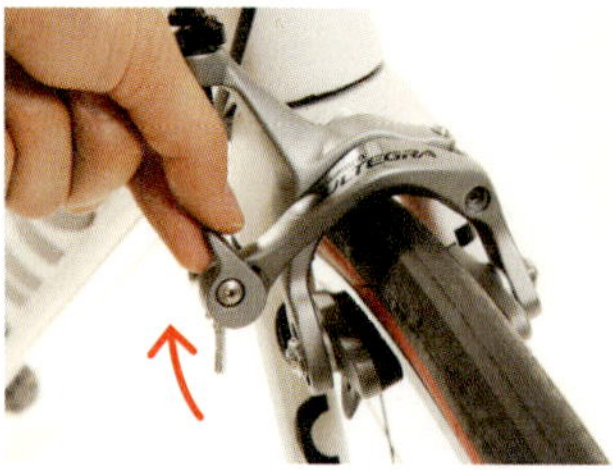

ブレーキのわきにあるつまみを起こす。

つまみを倒すと閉じる

ブレーキのわきにあるつまみを倒す。

4章
12-2

難易度 ★☆☆
作業時間 各5分
（慣れたら各10秒！）

クイックレバーをゆるめる・しめる

多くのスポーツバイクで使われているクイックレバー。
工具を使わずに簡単に車輪を着脱することができるパーツです。
サドルの固定に使われていることもあります。

4章-12-2に登場するパーツの名前

必要な道具

軍手

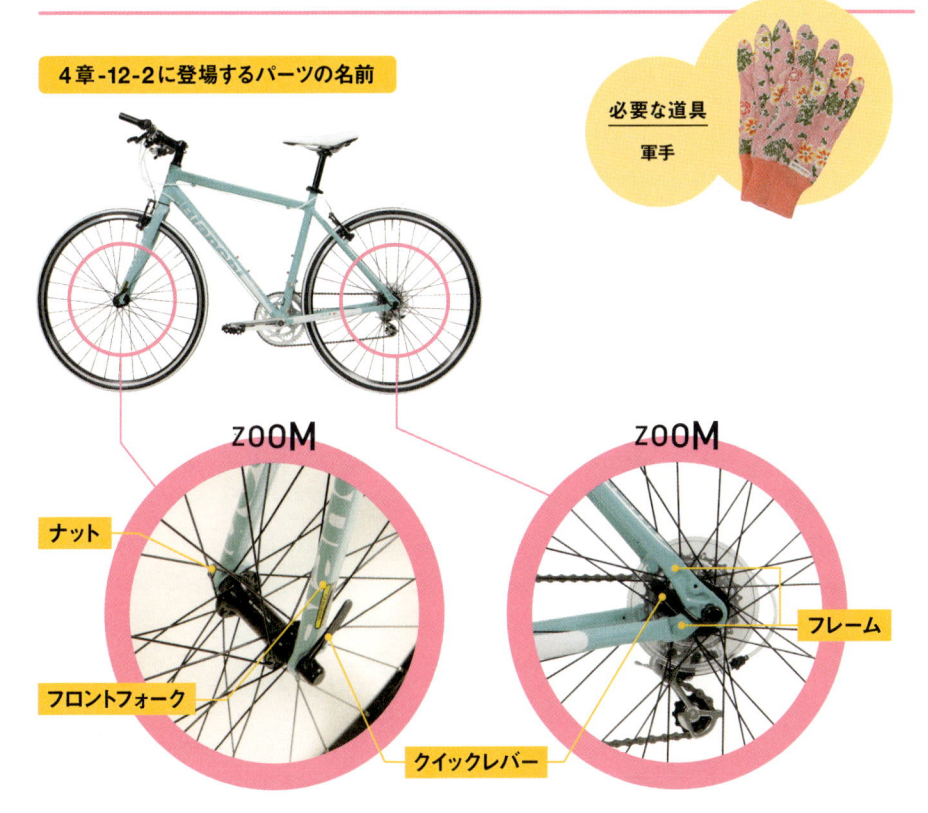

知っておきたいこと10

クイックレバーのしくみ ›››››

レバーを倒すと、両端がシャフト方向に強く引かれ、車輪がフレームに固定されます。「クイックリリース」とも呼ばれます。クイックレバーのかわりにボルトで固定している場合は、車輪のつけはずしにはスパナを使います。

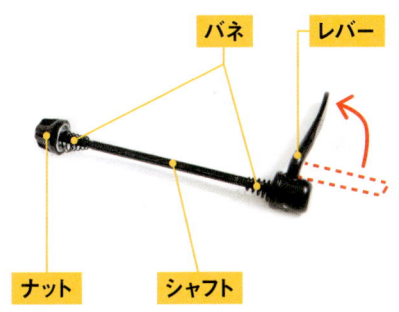

知ってお きたいこと11

クイックレバーの正しい位置 >>>>

走行中にレバーが開いてゆるんでしまうと、車輪がはずれるおそれがあります。前輪のレバーを前方に倒すと、障害物が引っかかりやすく、もっとも危険。必ず、物をぶつけたり引っかけたりしない方向に倒してください。

前輪のクイックレバー

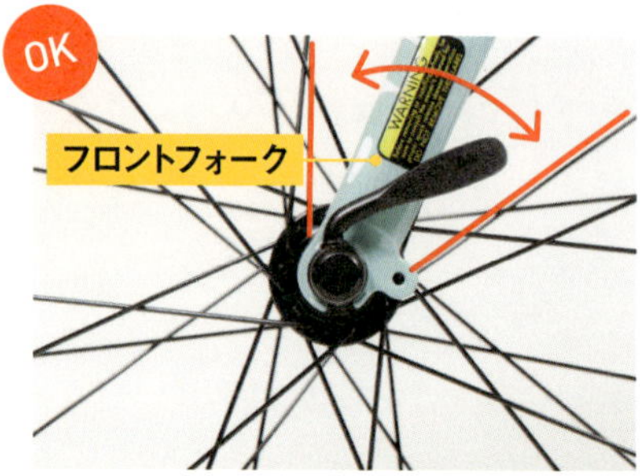

フロントフォークに沿わせるように倒す。

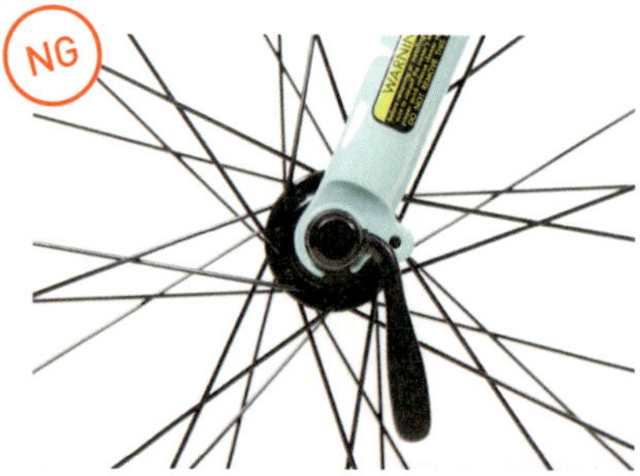

後輪のクイックレバー

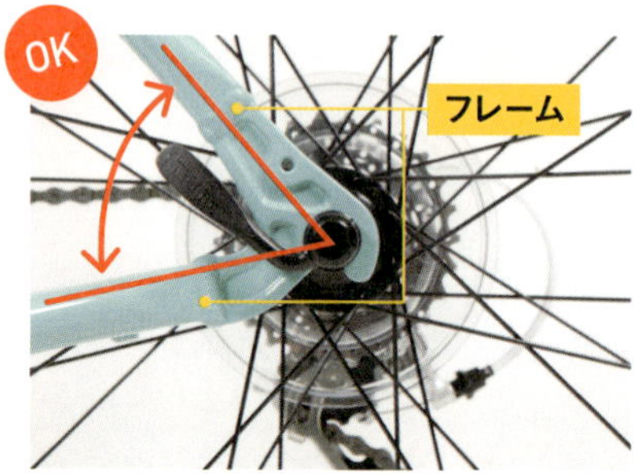

2本のフレームの間に倒す。

クイックレバーをゆるめる ≫≫

01 車輪の前（後輪の場合は後ろ）に座る

タイヤの汚れが気になるなら、おなかにタオルなどをあてるとよい。

02 レバーを起こす

車輪を押さえながら、右手でレバーを起こす。どの程度固くしまっていたかおぼえておいて、しめるときの目安にする（P.082）。

03 レバーを回してゆるめる

レバーを反時計まわりに回してゆるめる。このとき、左手で反対側のナットを押さえておくと回しやすい。

「六角レンチを使い、てこの原理を利用しましょう」

女性の力では、どうしても起こせない場合があります。そんなときは、六角レンチを使って「てこの原理」を応用してみましょう。それでも起こせない場合は、力のある人に頼むか、ショップで相談してください。

六角レンチをレバーとフロントフォークの間に差し込み、六角レンチを引き上げてレバーを起こす。フロントフォークを傷つけないように、ウエスをはさもう。

クイックレバーをしめる ››››

01
ナットを押さえながらレバーを時計まわりに回す

左手で車輪の反対側にあるナットをしっかり押さえながら、レバーを時計まわりに回す。

02
レバーを倒す

フロントフォークに親指以外の指をかけ、手のひら全体を使ってグイッとレバーを倒す。左手で、反対側のフロントフォークをつかんで車輪を固定しておくと倒しやすい。レバーを起こしたとき（P.081の02）の固さと同程度になるように調整する。

ADVICE

女性の力で簡単に倒せるようでは、レバーの回し込み不足です。ゆるいまま走行すると、車輪がはずれる可能性があってとても危険！「これ以上だと手が痛い……」というぐらいの力で倒してください。

19

「ナットを回してある程度固定してから、レバーを倒すとうまくいきます」

レバーを回してしめるのではなく、反対側にあるナットを回してある程度しめてから、最後にレバーを倒してみてください。

1 倒したい位置の対角線にレバーをもってくる

2 反対側のナットをしめる

レバーが軽く固定されるまでナットをしめる。このとき、レバーは動かさないこと。

3 クイックレバーを倒す

P. 082の02と同じように、フロントフォークに指をかけてレバーを握りしめるように力を入れて、グイッと倒す。

4章

12-3

難易度 ★☆☆

作業時間 各5分

（慣れたら各2分！）

前輪をはずす・はめる

前輪をはずせるようになると、パンク修理やタイヤ交換もできます。
作業するときは、スタンドを使うのがおすすめ。
でも、スタンドがなくてもできる方法もおぼえておくと便利です。

必要な道具

軍手、
スタンド

4章-12-3に登場するパーツの名前

Vブレーキ

キャリパーブレーキ

前輪をはずす >>>>

01 スタンドをつける P016

02 ブレーキを開く P075

Vブレーキの場合
インナーリードをインナーリードユニットからはずす。

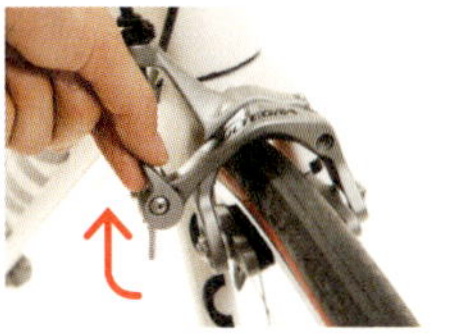

キャリパーブレーキの場合
ブレーキのわきにあるつまみを起こす。

03 クイックレバーをゆるめる P081

レバーを起こし、反時計まわりに回してゆるめる。

04 フロントフォークから車軸をはずす

左手で車体を軽く持ち上げながら、右手で前輪を上から押すようにしてはずす。

前輪をはめる >>>>

01 フロントフォークに車軸をはめる

左手で車体を軽く持ち上げながら、右手で前輪を持つ。フロントフォークの“受け”に車軸をはめる。

ADVICE

はめ込みが浅いと車輪がぐらついたり、はずれたりして危険。車軸がフロントフォークの“受け”（Cの形をした受け口）にきちんとはまっているか確認！

02 クイックレバーをしめる P082

レバーを時計まわりに回してしめ、正しい位置に倒す。

03 ブレーキを閉じる P078

Vブレーキの場合

インナーリードをインナーリードユニットにはめる。

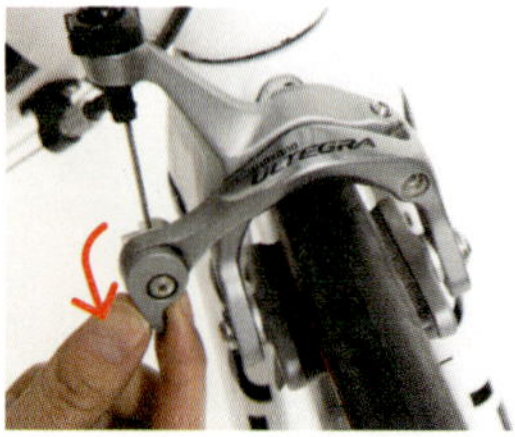

キャリパーブレーキの場合

ブレーキのわきにあるつまみを倒す。

ADVICE

最後に、ブレーキがちゃんと利くかどうか、ブレーキレバーを握って必ず確認しましょう。

前輪をはずす（スタンドを使わない場合）>>>>

01 車体をひっくり返す

20 ひっくり返し方がわからない P088

02 ブレーキを開く

P075

Vブレーキの場合

インナーリードをインナーリードユニットからはずす。

キャリパーブレーキの場合

ブレーキのわきにあるつまみを起こす。

03 クイックレバーをゆるめる

P081

レバーを起こし、反時計まわりに回してゆるめる。

04 フロントフォークから車軸をはずす

クイックレバーが十分にゆるんでいれば、片手で軽くはずすことができる。

ZOOM

前輪をはずす（スタンドを使わない場合）>>>>

20

「ハンドルをつかみ、勢いをつけて起こすのがコツです」

倒す

1 ハンドルを両手でしっかり握る

足を前後にやや広めに開く。

2 前輪を起こし、後輪ブレーキをかけて静止する

ハンドルを持ち上げ、前輪を起こす。写真の状態まで上げたら、後輪が動かないようにブレーキをかける。

3 サドルから着地させる

後輪ブレーキをゆるめながら、ゆっくりと倒し、サドルから着地させる。

ADVICE

サドルの座面が汚れるのが心配なら、ウエスや新聞紙を敷いておきましょう。

4 車体を支えながらハンドルを着地させる

片手でフロントフォークを支えながら、ハンドルを着地させる。

起こす

1 ハンドルを持ち上げ、前輪を起こす

サドルを支点にして、前輪を持ち上げる。

2 後輪ブレーキをかけて一度静止し、ゆっくりと前輪を下ろす

ここまで持ち上げたら、後輪が動かないように後輪ブレーキをかける。次にブレーキをゆるめながら、ゆっくり前輪を着地させる。

前輪をはめる（スタンドを使わない場合）>>>>

01 車体をひっくり返し、フロントフォークに車軸をはめる

P088

はめ込みが浅いまま走行すると、車輪がはずれる危険性がある。車軸がフロントフォークの“受け”（Cの形をした受け口）にしっかりはまっているか確認する。

02 クイックレバーをしめる

P082

レバーを時計まわりに回してしめ、正しい位置に倒す。

03 ブレーキを閉じる

P078

Vブレーキの場合

インナーリードをインナーリードユニットにはめる。

キャリパーブレーキの場合

ブレーキのわきにあるつまみを倒す。

04 ブレーキの利きを確認する

自転車を押しながら、前輪ブレーキをかけて確認する。

4章
12-4

難易度 ★★☆
作業時間 各10分
（慣れたら各4分！）

後輪をはずす・はめる

後輪をはずせば、自転車がよりコンパクトになるので輪行のときに便利。スタンドを使うとはずせないので、車体をひっくり返して作業します。慣れてくると、ひっくり返さなくてもはずせるようになります。

必要な道具
軍手

4章-12-4に登場するパーツの名前

Vブレーキ

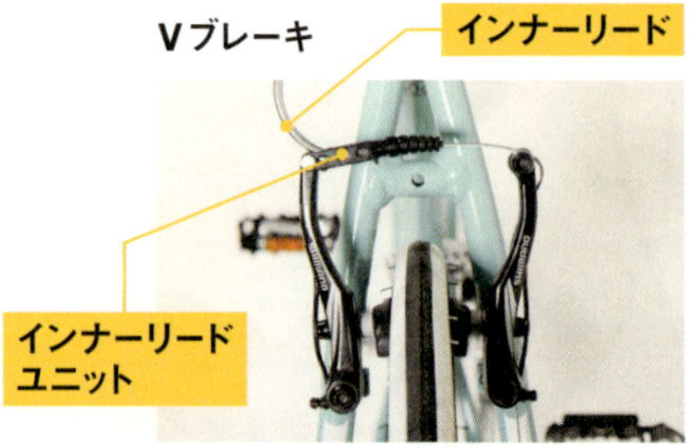

キャリパーブレーキ

後輪をはずす >>>>

01 走行して、いちばん外側のギアにシフトしておく

あらかじめいちばん外側のギアにセットしておくと、作業中にチェーンが引っかかりにくい。

ADVICE

走行しないでシフトチェンジする方法もあります。
①車体をひっくり返す（P.088）。
②クランクを回して後輪を回転させながら、ハンドルの右側にあるシフターを操作する。

02 車体をひっくり返す

P088

03 ブレーキを開く

P075

Vブレーキの場合

インナーリードをインナーリードユニットからはずす。

キャリパーブレーキの場合

ブレーキのわきにあるつまみを起こす。

04 クイックレバーをゆるめる

P081 ▶

レバーを起こし、反時計まわりに回してゆるめる。

05 フレームから後輪をはずす

両手で後輪を持って上に引くとはずれる。

21 チェーンがギアに引っかかってはずれない！

21

「リアディレイラーを後ろに引くと、はずしやすくなります」

リアディレイラーを後ろに引くと、チェーンがギアから離れるため、引っかかりにくくなります。

後輪をはめる ≫≫

01 車体をひっくり返し、プーリーを持ち上げる

P088

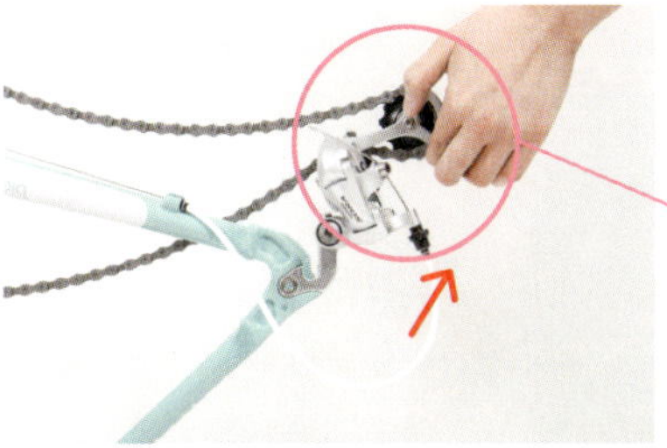

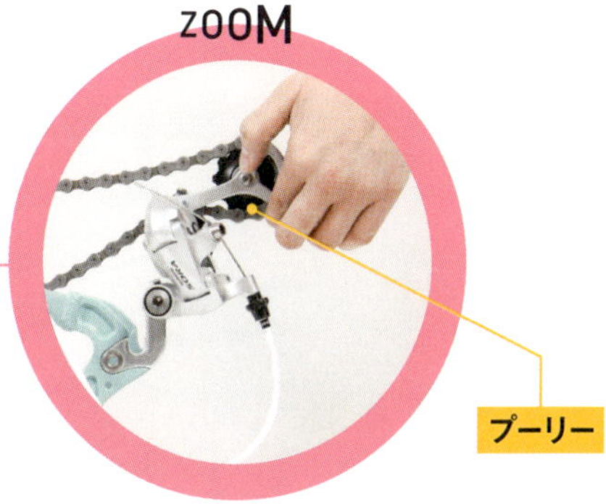

02 スプロケットにチェーンをかける

プーリーを持ち上げたまま、親指でチェーンの輪を広げる。いちばん外側の小さなギアにチェーンをかける。

「いちばん外側のギアをチェーンの輪の内側に入れます」

チェーンの輪の内側に入れて、ギアの歯をかませる。

ギアがチェーンの輪の外にある。

03 車軸をフレームの“受け”にはめる

ADVICE

フレームの“受け”(Cの形をした受け口)にしっかりはめること。はめ込みが浅い状態でクイックレバーをしめると、クイックレバーが破損したり、走行中に脱輪したりと大変危険です。奥まで入らないときは、タイヤがブレーキシューに引っかかっていないか確認しましょう。

04 クイックレバーをしめる

P082

レバーを時計まわりに回してしめ、正しい位置に倒す。

05 ブレーキを閉じる

P078

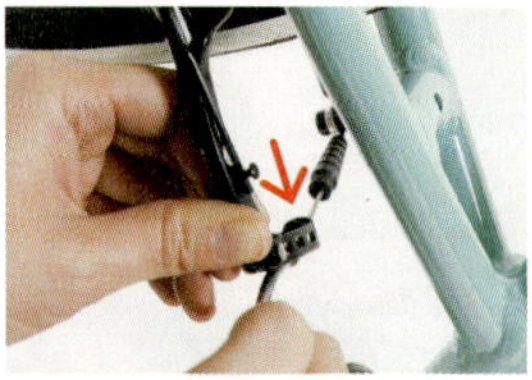

Vブレーキの場合

インナーリードをインナーリードユニットにはめる。

キャリパーブレーキの場合

ブレーキのわきにあるつまみを倒す。

ADVICE

ブレーキの閉じ忘れに注意! 開いたままではブレーキがかかりません。閉じたあとはブレーキがきちんとかかるか、ブレーキレバーを握って確認しましょう。

後輪をはずす（ひっくり返さない場合）>>>>

01 走行して、いちばん外側のギアにシフトしておく

P091

あらかじめ外側のギアにシフトしておくと、チェーンが引っかかりにくい。

02 ブレーキを開く

P075

Vブレーキの場合

インナーリードをインナーリードユニットからはずす。

キャリパーブレーキの場合

ブレーキのわきにあるつまみを起こす。

03 クイックレバーをゆるめる

P081

レバーを起こし、反時計まわりに回してゆるめる。

04 フレームから車軸をはずす

右手でサドルを持ってフレームを浮かせ、左手で後輪を下に押す。

後輪をはめる(ひっくり返さない場合) >>>>

01 スプロケットにチェーンをかける

P093

いちばん外側の小さなギアにチェーンをかける。

チェーンが引っかかって
うまくかからない！

「リアディレイラーを後ろに引いてみましょう」

チェーンがたわんで輪が広がるので、かけやすくなります。

02 車軸をフレームの“受け”にはめる

車輪を上に引いて、フレームの“受け”にしっかりはめる。

ADVICE

しっかりはまっていない状態でクイックレバーをしめてしまうと、後輪が曲がってしまいます。“受け”の奥までグイッと強く引きましょう。

03 クイックレバーをしめる

P082

レバーを時計まわりに回してしめ、正しい位置に倒す。

04 ブレーキを閉じる

P078

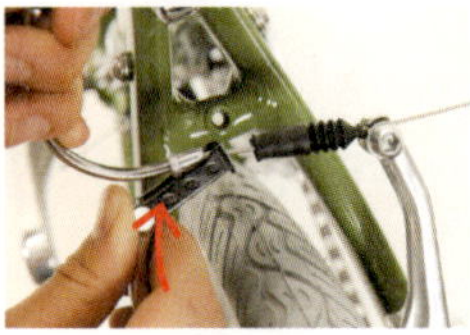

Vブレーキの場合

インナーリードをインナーリードユニットにはめる。

キャリパーブレーキの場合

ブレーキのわきにあるつまみを倒す。

COLUMN 5

ショップにまかせたほうがいい 4つのメンテナンス

1 ブレーキワイヤーとシフトワイヤーの交換

難易度 ★★★★

ブレーキワイヤーとシフトワイヤーは、乗っているうちに少しずつ劣化し、切れてしまうこともあります。ブレーキレバーやシフトレバーを引いたときに重く感じたり、ワイヤーのサビや末端のほつれが気になりはじめたら、交換のタイミング。ビギナーにはややむずかしいので、ショップにお願いしましょう。

費用の目安：
ブレーキワイヤー 約1000円～（部品代含む）
シフトワイヤー 約1500円～（部品代含む）

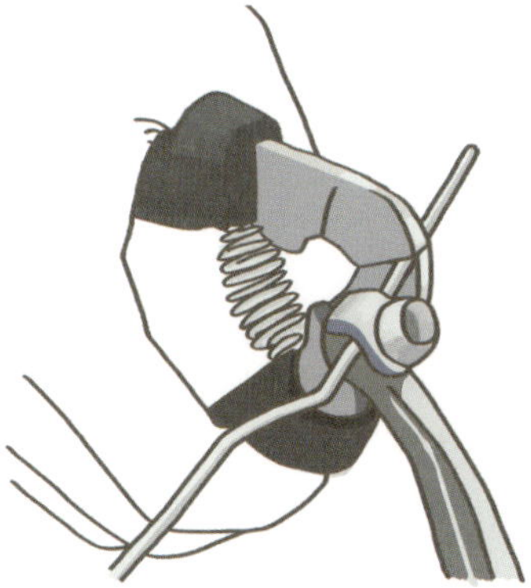

ワイヤーカッターという専用工具が必要になる。

2 チェーンの交換

難易度 ★★★★

チェーンもだんだんサビたり、すり減ったりして劣化していきます。個人差はありますが、走行距離5000 kmが交換時期の目安。チェーンカッターという専用の工具を使って、チェーンをつないでいるピンを切り離したり、新しいチェーンをつなげたりする作業にはコツと熟練が必要です。

費用の目安： 約3000円～（部品代含む）

チェーンカッターという専用工具が必要になる。

COLUMN 5

ショップにまかせたほうがいい4つのメンテナンス

3 ブレーキシューの調整(トーイン)

難易度 ★★★★★

「リムとパッドを平行にする」。これがブレーキシューの取りつけの基本。でもブレーキをかけたときに「キイキイ」と鳴ってうるさいときは、「トーイン」という方法で対処します。トーインとは、ブレーキシューを足に見たて、つま先（トー）が内側（イン）に向くように調整する方法（真上から見ると、進行方向に向かって「ハの字」になる）。ブレーキレバーを握ったときに、パッドの後端がリムから0.5〜1㎜離れる角度で固定しましょう。

費用の目安：約800円〜

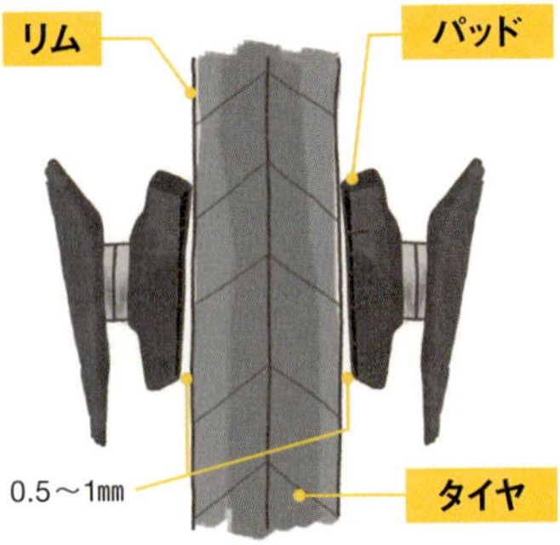

パッドの後端がリムから0.5〜1㎜離れる角度で固定する。加減がとてもむずかしい。

4 ディレイラー(フロント、リア)の調整

難易度 ★★★★★★

走行中に異音がしたり、シフトチェンジがスムーズにできないときは、ディレイラーを調整します。数ミリ単位の微妙な調整で、「なおったと思って走ってみたらまた異音がした」など、正しくできているか判断するのもプロでないとむずかしい調整です。

費用の目安：
フロントディレイラー 約3000円〜
リアディレイラー 約5000円〜
（ともに部品代含む）

ショップとの上手なつきあい方

メンテナンスの楽しさは自分でやってみないとわかりません。でも、どうしてもできないときやわからないときに、気軽に相談できるショップがあると安心です。

・どんなささいなことでも相談してOK

「こんな質問をしたら笑われるかも」。そんな心配は無用！　ぜひ本書を片手に「ここがわからない」とどんどん質問してください。

・ショップ主催のメンテナンス教室に参加

メンテナンス教室を開催しているショップもあります。プロの技を盗むチャンス！　とっておきの情報を教えてもらえるかもしれませんよ。

・2年に一度はショップでオーバーホール

オーバーホールとは、部品をすべて解体してきれいに掃除したあと、組立てなおす作業のこと。自分ではできないメンテナンスもやってもらえます。費用は少し高め（約30000円〜）ですが、まるで新品のようにピカピカになったり、シフトチェンジが驚くほどスムーズになったりとうれしいことずくめです。

4章
13

難易度 ★★★
作業時間 **60**分
（慣れたら40分！）

パンクした！

まず、スペアのチューブを常備しておきましょう。
出先では、ひとまず新しいチューブに交換し、
穴のあいたチューブは持ち帰って修理します。

必要な道具

タイヤレバー（3本）、
パンク修理キット、
油性ペン（赤）、バケツ、
ウエス、空気入れ、軍手、
チューブ
（※チューブ交換する場合）

4章-13に登場するパーツの名前

チューブを交換する P101
パンク穴を修理する P112

知っておきたいこと12

チューブの種類 》》》

自分のタイヤに合ったチューブの予備を用意しておきましょう。購入前に、次の３点を確認！　すべてチューブのパッケージに表示されています。

＊チューブのない「チューブレスタイヤ」や、チューブとタイヤが一体になった「チューブラータイヤ」（レース用ロードバイクに多い）の場合は、チューブ交換はできません。

1 サイズ

チューブの直径と幅は、タイヤによって異なります。タイヤの側面を見て確認しましょう。たとえば、このタイヤは「700×23 C」。これはタイヤの直径が700㎜、幅が23㎜という意味です。

2 バルブの型

バルブの型がちがうとバルブがリムの穴に入らないこともあります。バルブには仏式、米式、英式（P.024）の3種類あります。

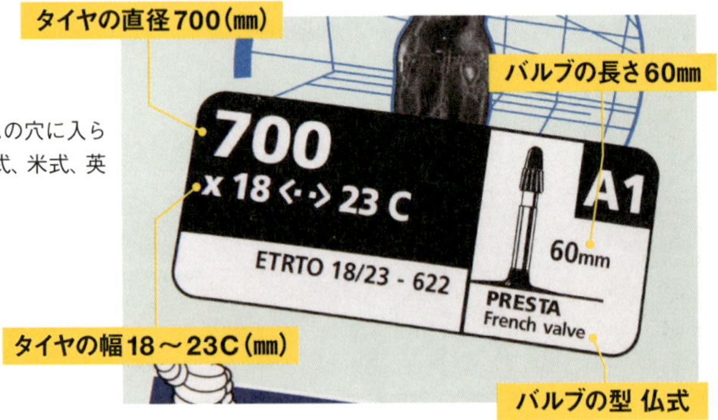

3 バルブの長さ

長さは40㎜と60㎜の２種類。これまで使っていたものと同じ長さを選びましょう。一般的には40㎜でOK。高さのあるリムの場合は60㎜の長さが必要です。リムに差し込んだときに、バルブが20㎜以上出ていないと空気入れを接続できないからです。

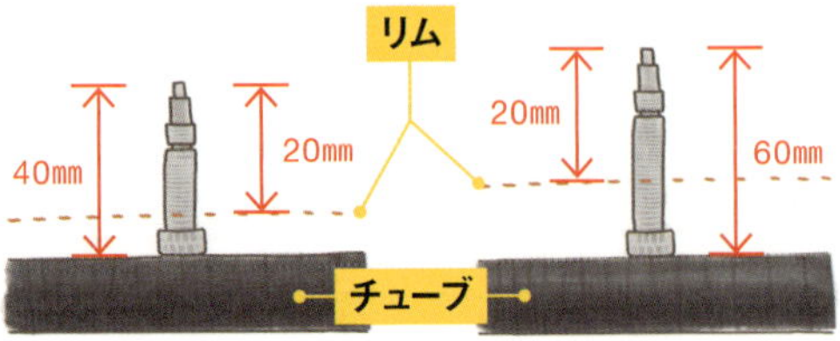

チューブをはずす >>>>

01 車輪をはずす

前輪の場合 P085　後輪の場合 P091

パンクした車輪をはずす（写真は前輪の場合）。

02 チューブの空気を完全に抜き切る

ADVICE

仏式バルブの場合

ネジをゆるめてから、バルブの先端を下に押し込むと空気が抜けます。

03 バルブの反対側のタイヤをめくる

バルブからもっとも遠い位置を上にして、親指でタイヤをめくり、タイヤレバーを差し込むためのすき間をつくる。

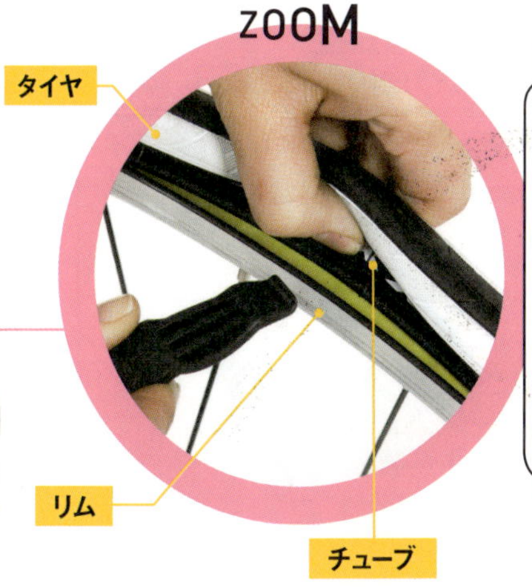

24 どうしてバルブの反対側にレバーをさすの？ P102

24

「バルブ付近は、バルブがジャマになってタイヤレバーを差し込みにくいからです」

バルブからもっとも遠い位置に差します。

04 タイヤレバーのツメをタイヤの縁(ビード)に差し込む

レバーは斜め上から差し込む。

05 タイヤレバーをゆっくり倒す

ツメがはずれないように注意。

25

タイヤレバーがはずれちゃう!

06 タイヤレバーのフックをスポークに引っかける

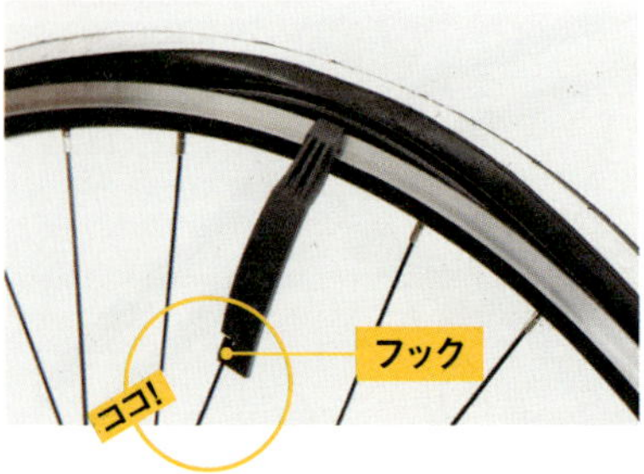

07 計3本のタイヤレバーを差し込んで、縁をはずす

タイヤの縁をはずすためには、少なくとも3本のレバーが必要。1本目を引っかけたスポークの左右1〜2本隣のスポークに、2本目、3本目のタイヤレバーを引っかける。

26
3本差し込んだけど
はずれない

25

「タイヤの縁にしっかり引っかけましょう」

ツメの差し込みがあまいと、倒した反動ではずれてしまいます。

1. タイヤレバーのツメをリムとタイヤの間に差し込む
2. そのままゆっくりレバーを倒す
3. スポークにフックを引っかける

26

「2本目、3本目のレバーを1本目の近くに差しなおしましょう」

2
1
3

チューブをはずす 》》》

08
タイヤレバーをスライドさせて タイヤをはずしていく

09
タイヤの片面をすべてはずす

レバーは動かさずにタイヤを回転させてもよい。

10
チューブを引き出して はずしていく

バルブからもっとも遠い位置からチューブを引き出す。

バルブに向かってはずしていく。

11 チューブを最後まではずしたら バルブを抜く

27
あれ？
バルブが抜けない！

12 取りはずし完了！

27

「ナットをはずし忘れていませんか？」

ナットつきのバルブもあります。その場合はナットをはずさないとバルブは抜けません。

タイヤに異物が刺さっていないか確認する ≫≫

01 タイヤを リムからはずす

もう片面をはずして、タイヤをリムから完全にはずす。

「両手の親指で強く押します」

両手の親指でタイヤの縁を強く押して、リムからはずしましょう。1か所はずれれば、あとは簡単にはずれます。

02 タイヤの外側を確認する

目で見て、手でさわって、異物がないか確認する。クギ、画びょう、ガラスなどが刺さっていることが多い。

ADVICE

ここでは、手順をわかりやすく見せるため、素手で作業しています。ケガをするおそれがあるので、実際には必ず軍手をはめて作業してください。

03 タイヤの内側も確認する

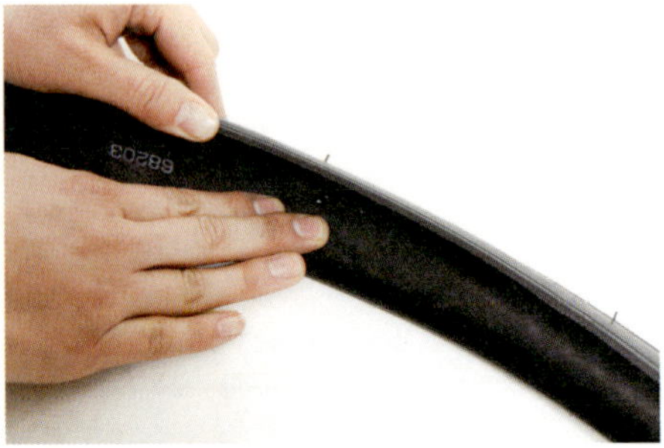

チューブをはめる ››››

01 タイヤの片面をリムにはめる

ADVICE

タイヤには「回転方向」が決まっているものもあります。クイックレバーが左側にきたときに、回転方向が正しくなるようにはめましょう。「回転方向」は、次の2つの方法で確認できます。

- **タイヤのミゾの方向**

「ハの字」の狭くなっているほうが進行方向。

- **タイヤの側面に書かれた矢印の方向**

矢印の方向が進行方向。

02 両手を使ってタイヤの片面を少しずつはめていく

両手の親指を使い、タイヤの縁を押し込んでいく。

03 片面をすべてはめる

29
最後が押し込めない！
P108 ▶

29

「タイヤレバーを使いましょう」

タイヤをはめるときにもタイヤーレバーが大活躍！

1 タイヤレバーをリムに引っかける。タイヤをはずすとき（P.102）とはツメの向きを逆にする

2 レバーを上に持ち上げて、タイヤの縁をリムに押し込む

04 チューブのバルブをリムの穴に入れる

バルブをまっすぐ入れる。斜めだとバルブが破損しやすい。

ADVICE

ナットつきバルブの場合は、バルブをリムに通してからナットをつけます。

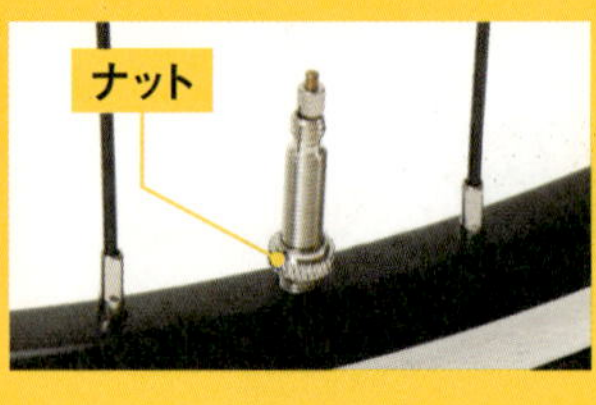

05 チューブが少しふくらむ程度に空気を入れる

チューブがぷくっとふくれる程度でOK。バルブの周辺は、タイヤとリムの間にチューブがはさまりやすいので注意。

06 バルブの両わきから チューブをはめていく

バルブを上にして車輪を立て、バルブに近いところからチューブを押し込んでいく。

07 両手を使って 少しずつはめる

06の方法でリムの半分までチューブが入ったら、床に倒して押し込んでいく。

最後はギュッと押し込む。

08 バルブの両わきから タイヤのもう片面をはめ込んでいく

車輪を立て、親指で左右均等にはめていく。

はめにくければ、右、左、と交互にはめてもよい。

09 半分までタイヤがはまったら おなかで押さえながらはめる

残りが3分の1から4分の1になると、かなり力が必要になってくる。この体勢が力を入れやすい。

ADVICE

服が汚れるのが気になる人は、おなかにタオルをあてましょう。

10 車輪を立てて タイヤを最後まではめる

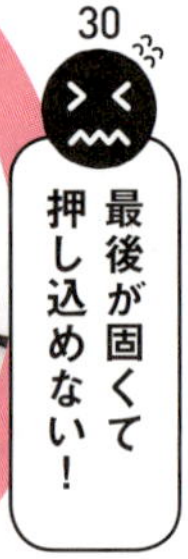

残り15㎝ほどになったら、もう一度車輪を立て、手のひら全体を使ってタイヤを押し込む。

「タイヤレバーとテープを使うと簡単に押し込めます」

1 テープで固定する

はめたところがはずれてしまわないように、テープで固定。おすすめは養生用テープ。のりを残さず、きれいにはがせる。

2 タイヤレバーをタイヤとリムの間に入れて、持ち上げる

タイヤレバーのツメをリムに引っかける。タイヤをはずすとき（P. 102）とはツメが逆の向き。そのままレバーを持ち上げると、タイヤがリムに入る。

11 チューブが、リムとタイヤとの間にはさまっていないか確認する

タイヤを指で押し、タイヤとリムとの間にチューブがはさまっていないか一周ぐるりと確認する。はさまったまま走るとパンクの原因に。

12 バルブまわりにチューブがはさまっていないか確認する

バルブを押して確認。バルブ周辺はチューブが固いため、とくにはさまりやすい。

ADVICE

指が痛いときは、バルブキャップをつけて押しましょう。

13 空気を入れる

P026

適正空気圧まで空気を入れ、バルブキャップをしめれば完了!

ADVICE

ナットつきのバルブの場合は、ナットのしめ忘れに注意!

パンク穴を修理する ››››

01 パンク修理キットを用意する

02 チューブを水につけてパンク穴を探す

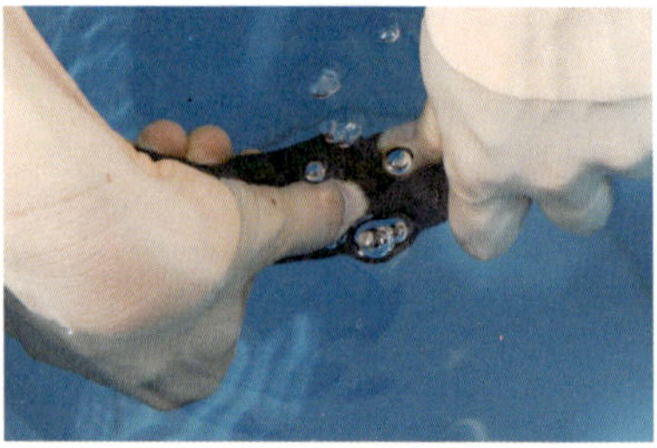

少し空気を入れたチューブを、バケツの水につけて指で軽く押し、ブクブクと泡の立つところがパンク穴。

ADVICE

水を用意できない場合は、チューブに空気を入れて耳もとにあて、空気のもれる「シュー」という音がする箇所を探します。パンク穴は1か所とは限りません。一周全部を確認しましょう！

03 パンク穴に目印をつける

水をふき取り、大きめに×印をつける。赤の油性ペンが最適。印をつけたら空気を完全に抜く。

04 パンク穴の周囲にやすりをかける

平らな場所にチューブを置き、パンク穴の周囲3㎝四方にやすりをかける。

ADVICE

やすりをかける目的は、チューブ表面のデコボコをなくすため。デコボコしているとパッチがチューブに密着しないので、ていねいにやすりをかけましょう。

05 パンク穴にのりを1滴たらす

06 指でのりをうすく伸ばし、十分に乾かす

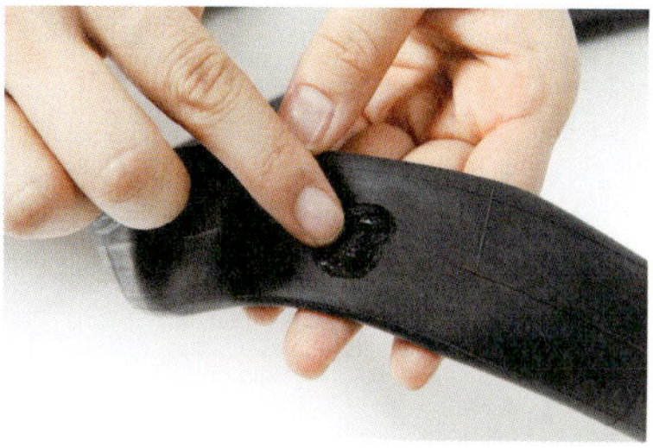

指でさわってもベタつかなくなるまで乾かす。乾燥が不十分だとパッチを接着できない。

ADVICE

ゴムのりは、パッチよりひとまわり大きく伸ばしましょう。

ADVICE

細いチューブには小さなパッチを使いましょう。パッチの幅がチューブの幅より大きいと、うまく貼れません。

07 パッチを貼る

裏の台紙をはがして、パッチを貼る。

08 パッチを強く押して接着する

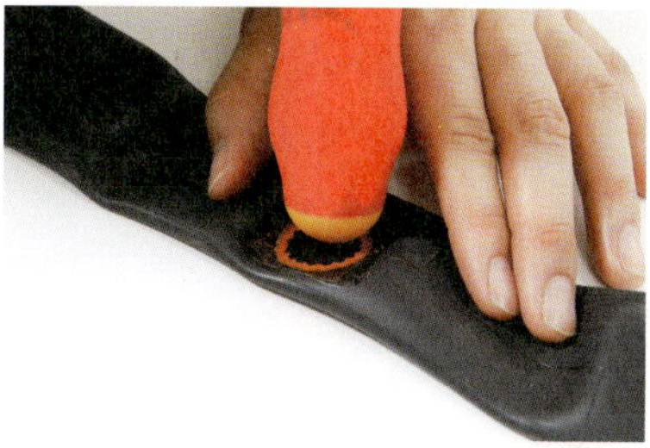

ドライバーのお尻の部分でグリグリ押すとよい。

09 パッチ表面の透明シートをはがす

10 水につけて、パンク穴がふさがったか確認する

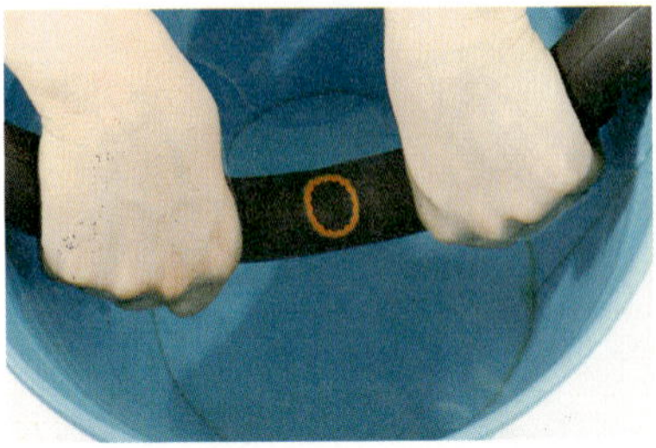

チューブに空気を入れる。バケツの水につけて、チューブから泡が出ないか確認する。

ADVICE

やすりがけや乾燥が足りないとはがれてしまうことがあります。その場合は、やすりがけからやりなおし、新しいパッチを貼りなおしましょう。

COLUMN 6

タイヤの選び方

サイズの見方 >>>>

タイヤを交換するときは、リムに合ったサイズのタイヤを選ばないといけません。今まで使っていたタイヤのサイズ表記（P.100）を撮影しておき、同表記のタイヤを買うのが確実。クロスバイクのタイヤの直径は、おもに「700C」（フレンチ表記）と「26インチ」（インチ表記）。両サイズに互換性はありませんので、購入時には要注意！

ロードバイクは700C、マウンテンバイクは26インチがほとんどです。リムを変えなくてもタイヤの幅は多少変えることができますが、リムの幅やフレームの形状によって制限されます。変えたい場合はショップに相談してみましょう。

「700C」のクロスバイクのタイヤのサイズ表記例

タイヤ直径［mm］　タイヤ幅［mm］

700 × 25C / 28C / 32C

「26インチ」のクロスバイクのタイヤのサイズ表記例

タイヤ直径［インチ］　タイヤ幅［インチ］

26 × 1.25 / 1.5 / 1.75

COLUMN 6

タイヤの選び方

種類 〉〉〉〉

タイヤは、大別すると「スリックタイヤ」と「ブロックタイヤ」の2種類。スリックタイヤは、舗装道路（オンロード）を快適に走るためにつくられたタイヤ。表面にミゾがないのが特徴です。一方ブロックタイヤは、石や土などの多い未舗装道路（オフロード）を走るためのタイヤ。マウンテンバイクを街乗り用にするために、スリックタイヤやセミスリックタイヤに変える人もいます。

スリックタイヤ

表面にミゾやデコボコのない、舗装路用タイヤ。転がり抵抗が少なく、軽く走れる。おもにロードバイクに採用されている。

ブロックタイヤ

表面にボコボコした大きな突起のあるタイヤ。オフロードでの走行に適しており、おもにマウンテンバイクに採用されている。

セミスリックタイヤ

突起はないが、スリックタイヤよりミゾが深い。市街地を快適に走ることを想定してあり、耐パンク性に富んだものなどもある。

4章
14

難易度 ★☆☆
作業時間 各10分
（慣れたら各1分！）

チェーンがはずれた！

「チェーンがはずれたらすぐに停車する」。
この鉄則さえおぼえておけば、チェーンをはめるのは意外に簡単。
はずれた状態で走り続けると、複雑にからまり、なおせなくなることも！

必要な道具
軍手、ウエス

4章-14に登場するパーツの名前

チェーンリングからはずれた場合 P117

スプロケットからはずれた場合 P120

チェーンがチェーンリングからはずれた場合 >>>>

A チェーンリングの内側に落ちたら

01 小さいほうのチェーンリングにチェーンをはめる

小さいほうのチェーンリングの下側の歯にチェーンをかませる（5コマ程度）。ケガ防止のため、必ず軍手をはめてウエスをあてがう。

02 少し勢いをつけてクランクを逆回転させる

チェーンを軽く押さえながら、クランクを逆回転させるとチェーンがはまる。チェーンがすべてはまるまでクランクを回し続けること。

ADVICE

クランクをゆっくり回すと失敗しやすいので、ガラガラッと思いきって回すのがコツ！

31 チェーンがつまって動かない！ P119

B チェーンリングの外側に落ちたら

01 大きいほうのチェーンリングにチェーンをはめる

大きいほうのチェーンリングの下側の歯にチェーンをかませる（5コマ程度）。チェーンを少し引っぱるとはめやすい。ケガ防止のため、必ず軍手をはめてウエスをあてがう。

02 少し勢いをつけてクランクを逆回転させる

チェーンを押さえながら、クランクを逆回転させるとチェーンがはまる。チェーンがすべてはまるまでクランクを回し続けること。

31 チェーンがつまって動かない！

32 何度やってもうまくできない！

31

「いったんはずしてから、やりなおしましょう」

チェーンがチェーンガイドとチェーンリングの間につまってしまったら、あせらずにもう一度やりなおしましょう。

1 つまったチェーンをつまみ上げ、チェーンリングの歯にかける
2 チェーンがもとに戻るまで、クランクを逆回転させる

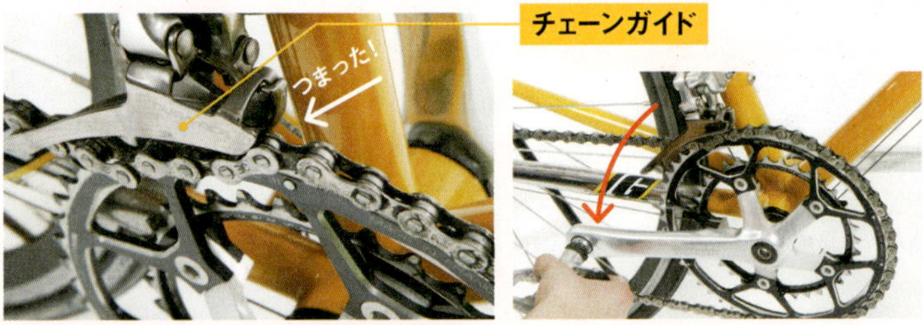

32

「チェーンをたるませて、チェーンリングにかける方法もあります」

1 プーリーを押し上げてチェーンをたるませる

2 大きいほうの チェーンリングにかける

プーリーを押したままチェーンをつかんで、大きいほうのチェーンリングにかける。あとはクランクを逆回転させればOK。

ADVICE

チェーンがはずれてしまう原因は、おもに以下の3つが考えられます。

- **大きな段差のあるところでシフトチェンジをした**
- **チェーンがたすきがけになっている（P.057）**
- **停車中にシフトチェンジをして、走りはじめた**

こうした理由もないのに頻繁にチェーンがはずれるようなら、ディレイラー（フロント、リア）の調整不良かもしれません。ディレイラーの調整（P.098）はむずかしいので、ショップで点検してもらいましょう。

チェーンがスプロケットからはずれた場合 >>>>

A チェーンがずれて浮いているなら

ディレイラー（フロント、リア）のゆがみが原因の場合が多い。次の方法でチェーンははめられるが、ディレイラーのゆがみはショップでなおしてもらおう。

車体を持ち上げて後輪を逆回転させる

ADVICE

車体を手で持ち上げるか、スタンドをつけて車体を浮かせます。クランクを逆回転させて、スムーズに動くか確認しましょう。

B チェーンがスプロケットの内側に落ちているなら

チェーンがスプロケットと後輪の間に落ちて、後輪が動かなくなってしまった状態。これは重症！無理に回すと故障の原因になる。

後輪をはずしてチェーンをかけなおす

P091 ▶

ADVICE

チェーンがスプロケットの内側に落ちないように、スプロケットと車輪の間にプラスチックの円盤がついている自転車もあります。

COLUMN 7

自転車ファッションを楽しもう！

自転車だけじゃなくて、ファッションにもこだわりたい！
カジュアルな街乗りスタイルからちょっと本格的なレーススタイルまで
3つのスタイルと、「あったらいいな」の便利アイテムを紹介します。

街乗りスタイル

街乗りを楽しむなら、自転車専用ウェアでなくてもOK。動きやすいように、伸縮性のあるウェアを選びましょう。

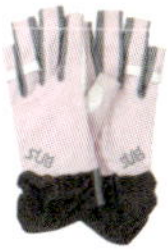

グローブ（指なしタイプ）
初心者にこそ使ってほしいアイテム。前傾姿勢は思った以上に手に負担がかかる。グローブをつけると握る力がアップするため、疲れや痛みが軽減される。転倒したときのケガ防止にも役立つ。

ウインドブレーカー
寒さやにわか雨対策に1枚あると便利。通気性が高く、汗をかいてもムレにくいゴアテックス素材などが◎。

七分丈パンツ
チェーンに巻き込まれないよう、短い丈のパンツがおすすめ。ストレッチ素材を選ぶと動きやすい。

サイクリングスタイル

体温調整しやすいように上着は“かさね着”がおすすめ。
汗対策、UV対策も忘れずに！

キャップ
UV対策に欠かせない。夏は汗止めとしても活躍する。

インナーウエア
吸湿性と速乾性に優れたインナーは1年中使えるアイテム。綿100%ではなく、ポリエステル素材を選ぼう。

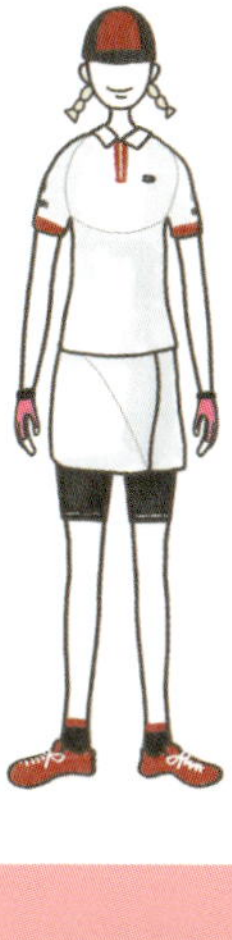

グローブ
季節によって使いわけるのがベスト。夏は、より通気性のよいものを選びたい。

ソックス
吸湿性と速乾性に優れた素材がよい。厚手のほうが疲れにくく、マメ防止にもなる。

パッドつきパンツ＆スカート
長時間乗るときに重宝する、お尻パッドつきのパンツ。下着をつけずに着用する。

ビンディングペダル用シューズ
足とペダルを固定する金具がついたシューズ（P. 146）。カジュアルなデザインのものもある。

COLUMN 7
自転車ファッションを楽しもう！

レーススタイル ＞＞＞＞

レースに出るためには十分な準備が必要。パッドつきパンツとヘルメットはマストアイテムです！

レースウエア
吸汗性、速乾性に優れた素材。背面に補給食などを収納するポケットつき。

パッドつきレースパンツ
お尻の痛み対策の必需品。必ず試着して、サイズが合ったものを購入する。

ヘルメット
頭部の安全対策も万全に。汗よけのキャップの上から、かさねてかぶってもよい。

グローブ
クッション性の高いものがおすすめ。冬場は指先まであるものを選ぶとよい。

ビンディングペダル用シューズ
ビンディングペダル（P.146）を使うときの専用シューズ。とても軽量で通気性が高い。

便利アイテム

チェーンによる汚れや巻き込みを防止！
トラウザーバンド
長いパンツをはくときの必需品。色、デザイン、素材とバリエーションも豊富。

お尻の痛みをこっそり解決
パッドつきインナーパンツ
インナーで痛み対策をすれば、おしゃれの幅も広がる。

寒さや日焼け対策に
ネックウォーマー
首に巻く、伸ばして口もとから耳までカバー、頭にかぶる……1枚でいろいろな使い方ができる万能アイテム。

口もとから耳に

首に

頭に

4章
15-1

難易度 ★☆☆
作業時間 10分
（慣れたら5分！）

ブレーキの利きが悪い①
ブレーキワイヤーの調整

ブレーキを握ってから利きはじめるまでにタイムラグがある……。
ブレーキの“遊び”が大きすぎるときは、ワイヤーがたるんでいるのかも？
そんなときは、アジャスターで簡単に調整できます。

必要な道具
軍手

4章-15-1に登場するパーツの名前

Vブレーキ　　　**キャリパーブレーキ**

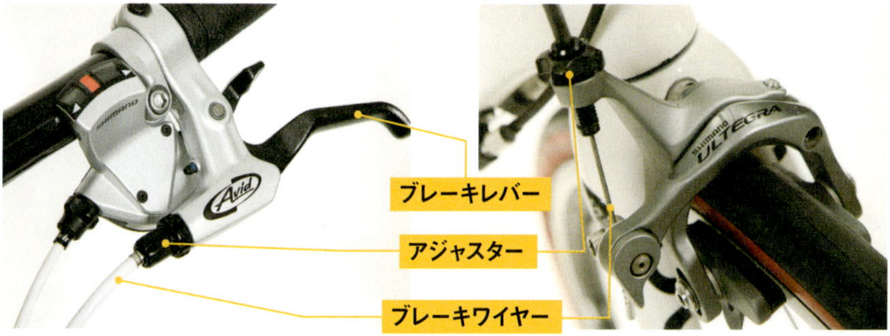

知っておきたいこと13

ブレーキレバーの適正な“遊び” ››››

OK

握りしめたときに、ブレーキレバーがグリップと平行になるぐらいがちょうどいい。

NG

握りしめたときにブレーキレバーがグリップにつきそうな場合は、ブレーキワイヤーのたるみすぎ。

ブレーキワイヤーを調整する（Vブレーキの場合）>>>>

01
ブレーキレバーの アジャスターを回す

アジャスターを反時計まわりに回す。アジャスターがレバーから離れれば離れるほど、ブレーキワイヤーの張りが強くなり、ブレーキの利きが早くなる。反対に、レバーに近ければ近いほどワイヤーがゆるんで利きが遅くなる。

ZOOM

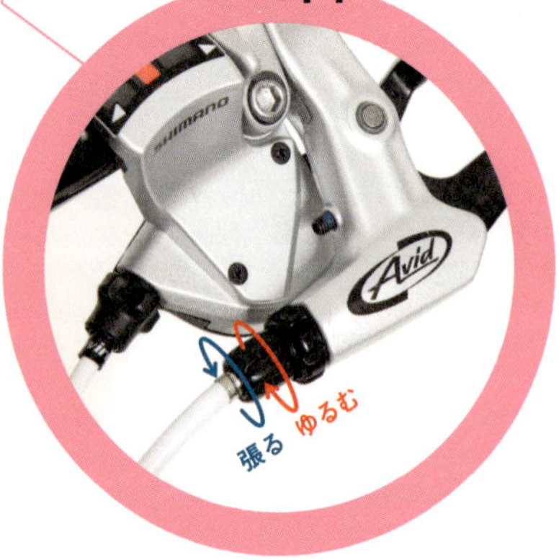

02
ブレーキレバーを握って 利き具合を確かめる

ADVICE

ブレーキレバーを握りながらアジャスターを回すと、ワイヤーの張り具合の変化がよくわかります。

ブレーキワイヤーを調整する（キャリパーブレーキの場合）>>>>

01 ブレーキのアジャスターを回して調整する

アジャスターを反時計まわりに回す。アジャスターが離れれば離れるほどブレーキワイヤーの張りが強くなり、ブレーキの利きが早くなる。反対に、近ければ近いほどワイヤーがゆるんで利きが遅くなる。

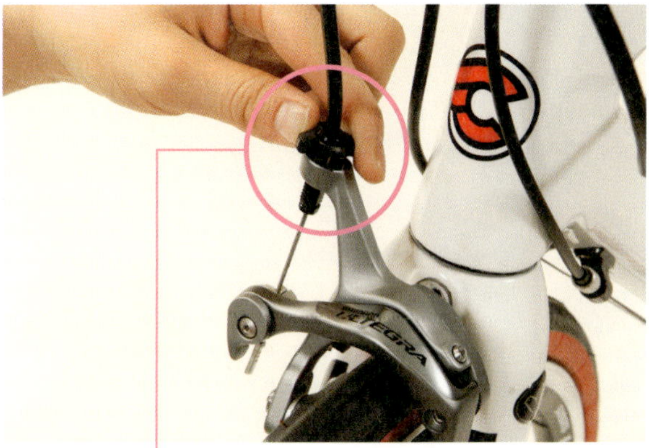

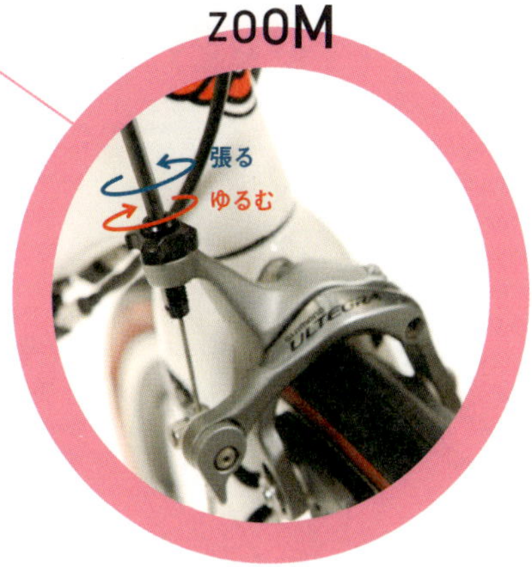

02 ブレーキレバーを握って利き具合を確かめる

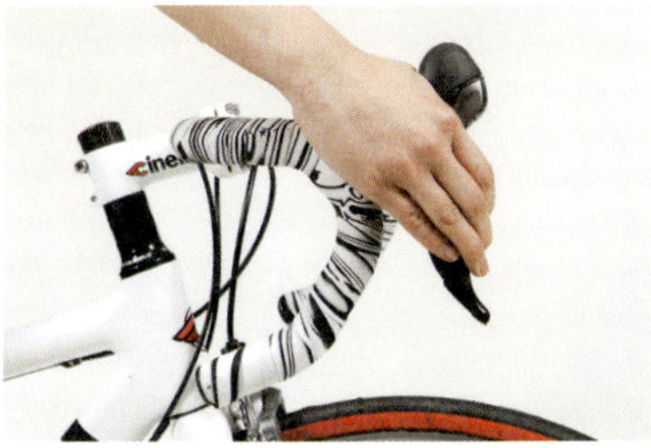

ADVICE

作業が終わったら、ブレーキがきちんと利くか、必ず確認しましょう。ちなみに、ワイヤーは消耗品です。乗っているうちにサビたり、伸びたりしてきます。調整してもブレーキの利きがあまいようであれば、迷わずショップに持ち込んで相談してください。

4章
15-2

難易度 ★★★
作業時間 50分
（慣れたら30分！）

ブレーキの利きが悪い②
ブレーキシューの交換

ブレーキの利きが悪くなるのは、ブレーキシューのパッドがすり減っているのかもしれません。少々高度な技ですが、自分で交換できるようになると工賃が節約できますよ！

必要な道具

ブレーキシュー、
六角レンチ、
ペンチ
（カートリッジ式のピン固定タイプの場合）

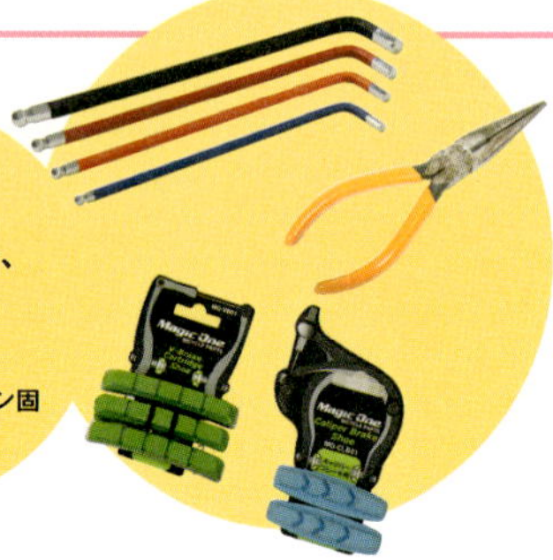

4章-15-2に登場するパーツの名前

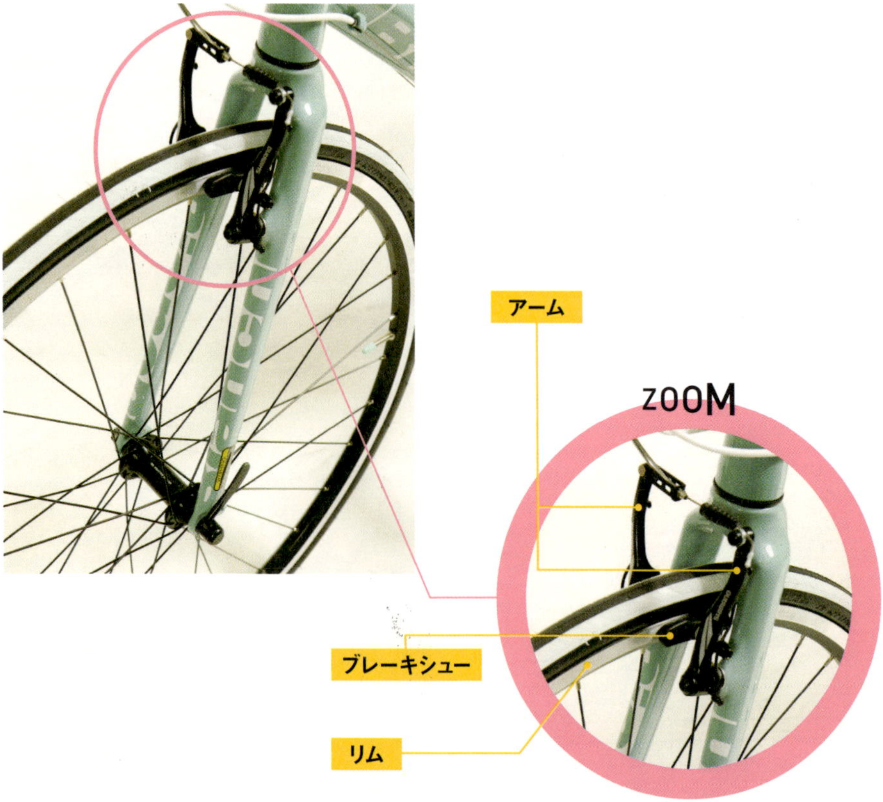

知っておきたいこと14

ブレーキシューの種類 >>>>

パッドと軸が一体になっているものと、パッドだけを交換できるカートリッジ式があります。カートリッジ式はランニングコストが安いため、レースに出たり長距離を走ったりと、パッドの消耗が激しい人におすすめです。

Vブレーキシュー

キャリパーブレーキシュー

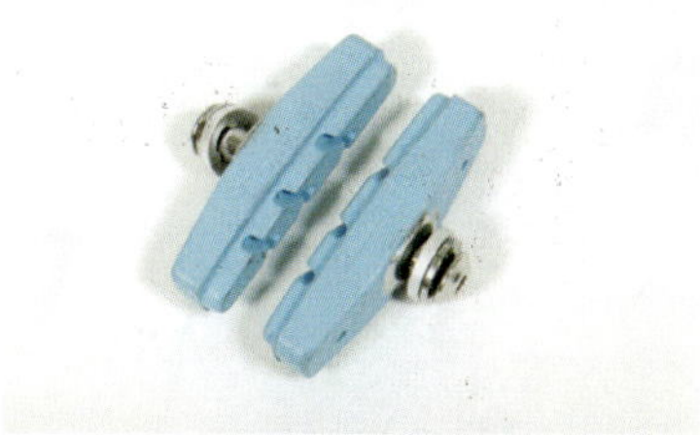

**カートリッジ式
Vブレーキシュー**

**カートリッジ式
キャリパーブレーキシュー**

知っておきたいこと15

ブレーキシューの替えどき >>>>

シューがリムを挟み込むことによって、ブレーキがかかります。シューのパッドはゴム製なので、長く乗るうちに少しずつすり減ってしまいます。

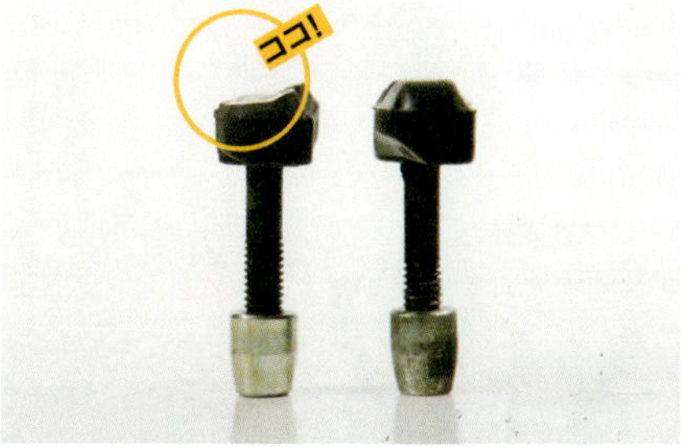

ブレーキシューを後ろから見た写真。右が新品。左はパッドの山が大きくすり減っている。

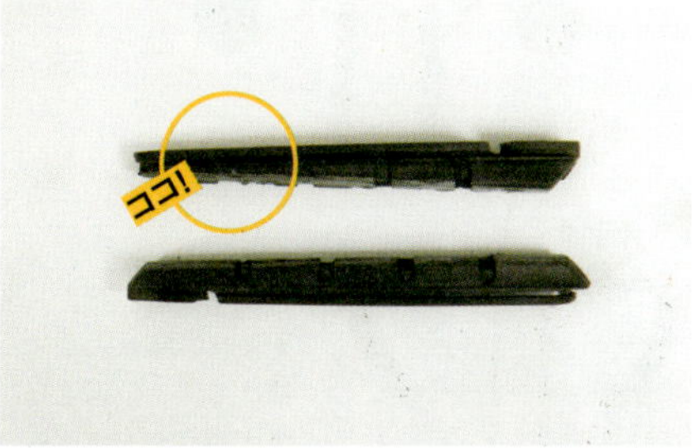

上がすり減ったカートリッジ式ブレーキシューのパッド。ミゾが消えかけている。

知っておきたいこと16

ブレーキシューの正しい取りつけ位置 ≫≫

ブレーキシューが正しい位置についていないと、ブレーキの利きが悪くなったり、タイヤを傷つけてしまうこともあります。

横から見て

OK

シューがリムの幅におさまっている。

NG **下寄り**

シューの下半分がリムからはみ出している。

NG **上寄り**

シューの上半分がタイヤに接している。

NG **傾き**

シューが斜めになっている。

前から見て

OK

シューとリムとのすき間が左右同じ幅になっている。

NG **片利き**

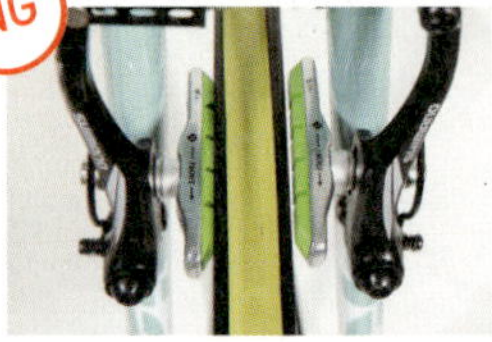

すき間の幅が左右で異なる。この場合は原因特定がむずかしいので、ショップに相談したほうがよい。

NG **ひきずり**

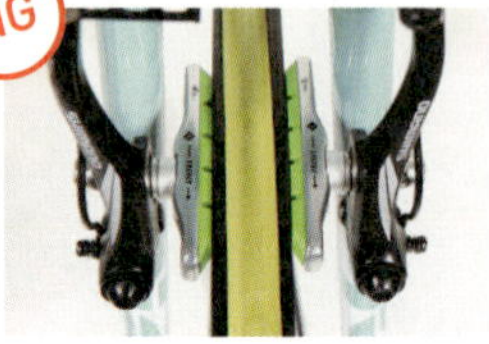

P124 ▶

シューがリムにくっついている。アジャスターを回してブレーキワイヤーの張りをゆるめると解消する。

ブレーキシューをはずす ≫≫

01 ブレーキを開く

P075 ▶

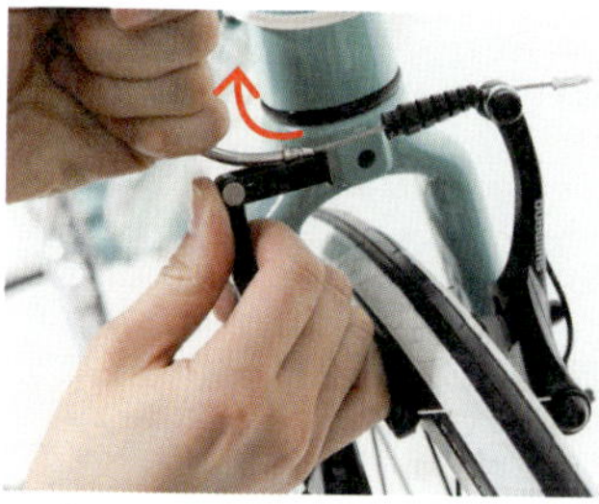

Vブレーキの場合

インナーリードをインナーリードユニットからはずす。

キャリパーブレーキの場合

ブレーキのわきにあるつまみを起こす。

02 ブレーキシューのナットをゆるめる

右手でブレーキシューが動かないようにリムに押しつけながら、左手で六角レンチを回してナットをゆるめる。以下、Vブレーキで作業を行うが、キャリパーブレーキも工程は同じ。

部品がバラバラ落ちちゃう！

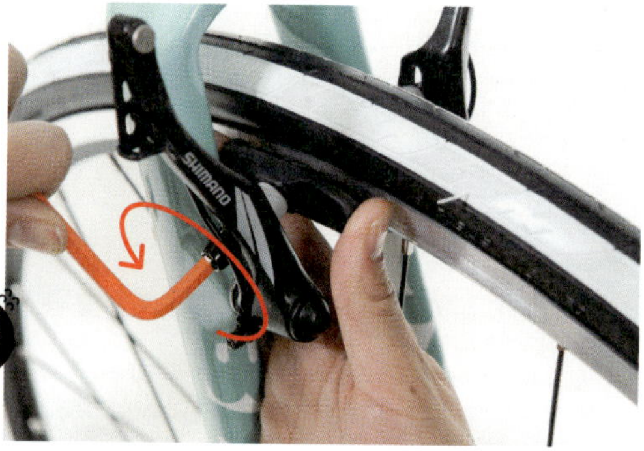

03 ブレーキシューをはずす

ナットがはずれたら、ブレーキシューをアームから取りはずす。

「下にタオルなどを敷いておきましょう」

メーカーによって異なる場合もありますが、基本的にはVブレーキシューは6つ、キャリパーブレーキシューは3つの部品からなっています。とくにVブレーキシューはワッシャーなど部品が小さくて落としやすいので、注意しましょう。

パッドの交換方法
（カートリッジ式の場合）

P133 ▶

ブレーキシューをつける ≫≫

01 軸にパーツを通して アームの穴に差し込む

ブレーキシューをつける位置を確認し、軸にスペーサーとRワッシャーを通してアームの穴に差し込む。

34 部品がたくさんあって順番をまちがえそう！

ADVICE

ブレーキシューは左右で形が違うものもあります。その場合は、右用、左用と明記されているので確認してから作業をしましょう。

34

「順番に並べて、写真を撮っておくと安心です」

部品は、裏表や取りつける順番が決まっています。はずしたあとは、ついていた順番がわかるように並べておきましょう。とくに、厚・薄のスペーサーの位置を忘れないように！

Vブレーキシュー

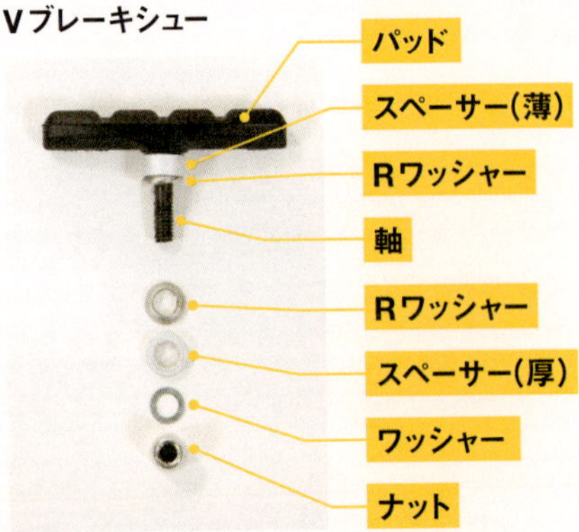

キャリパーブレーキシュー

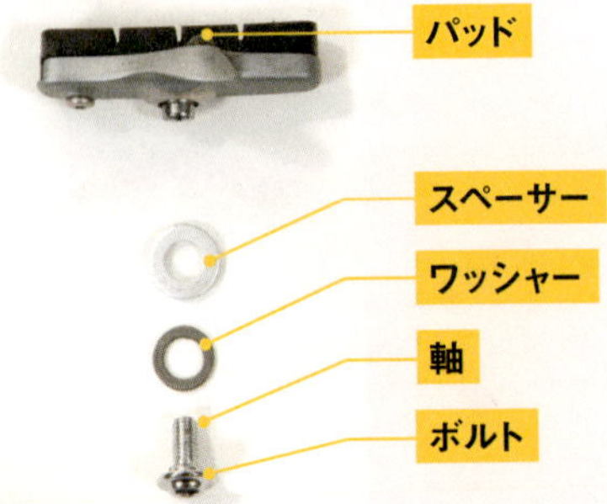

02 残りのパーツをはめて ナットを手で軽くしめる

03 アームを押して、シューの位置を合わせる

04 ナットをしめて 固定する

片手でシューが動かないようにしっかり押さえながら、六角レンチでナットをきつくしめる。

05 ブレーキを閉じる P078

Vブレーキの場合

インナーリードをインナーリードユニットにはめる。

キャリパーブレーキの場合

ブレーキのわきにあるつまみを倒す。

06 ブレーキシューの取りつけ位置を確認する

シューとリムのすき間が適正かどうか確認する（P.128）。車輪を回して、「ひきずり」になっていないか確認する。タイヤがこすれる音がしたら、NG。

07 ブレーキレバーを握って利き具合を確認する

ブレーキが利くかどうか、握って確認する。

35 ブレーキの利きが悪い！

35

「スペーサーを入れ替えて、パッドとリムの距離を調整しましょう」

以前と異なるメーカーのブレーキシューを使うと、「あれ？きつくてブレーキが閉じられない」また、「ブレーキレバーを握っても利きが悪い」ということが起こる場合があります。それは、リムとパッドの距離が変わってしまったから。そんなときは、厚さの違う2つのスペーサーを入れ替えて、リムとの距離を調整してみましょう。

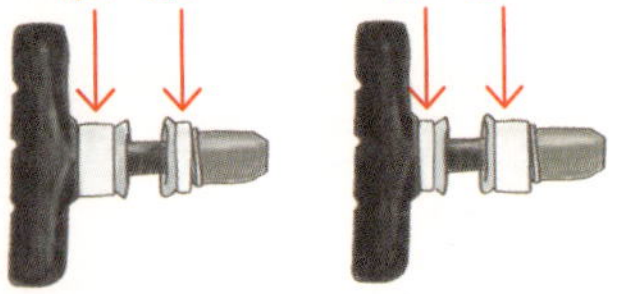

36 それでもブレーキの利きが悪い！

36

「ショップでブレーキワイヤーを交換してもらいましょう」

ブレーキシューを交換してもブレーキの利き方が悪いようであれば、ブレーキワイヤーが消耗しているのかもしれません。ワイヤー交換は初心者にはむずかしいので、ショップで取り替えてもらいましょう。

パッドの交換方法(カートリッジ式の場合) >>>>

01 パッドを固定しているピンを抜く／ボルトをゆるめる

ピン固定式の場合

シューを固定しているピンをペンチで抜く。ピンは小さいのでなくさないように注意。

ADVICE

固い台や床にピンを押しつけると抜きやすくなります。

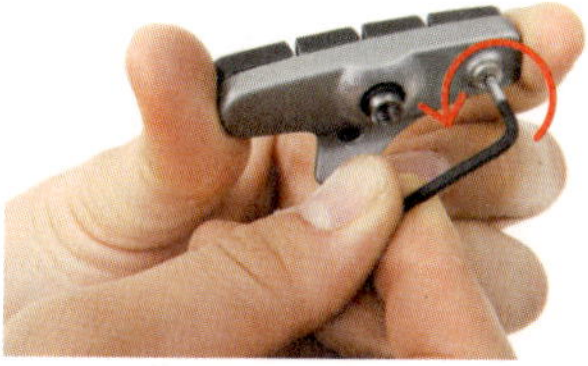

ボルト固定式の場合

六角レンチでボルトをゆるめる。

ADVICE

ピンをはずすときは、もとの向きをおぼえておきましょう。新しいシューに交換したら、同じ向きに差し込みます。

02 パッドをスライドさせてはずす

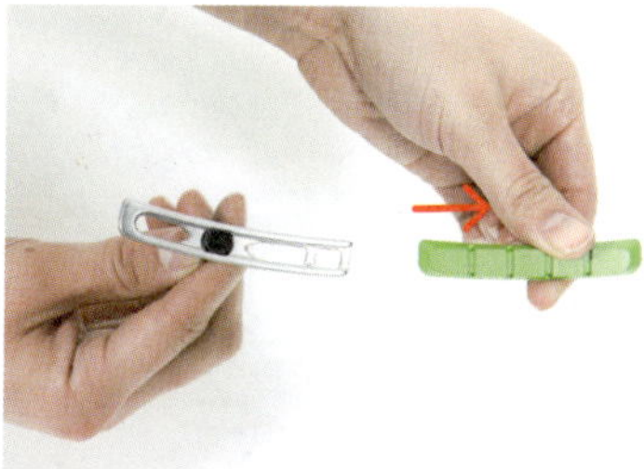

パッドをスライドさせて、ホルダーからはずす。写真はピン固定式だがボルト固定式も同じ。

パッドの交換方法（カートリッジ式の場合）>>>>

03

新しいパッドを差し込む

パッドとホルダーは、リムのカーブに合わせて湾曲している。向きを合わせて差し込む。

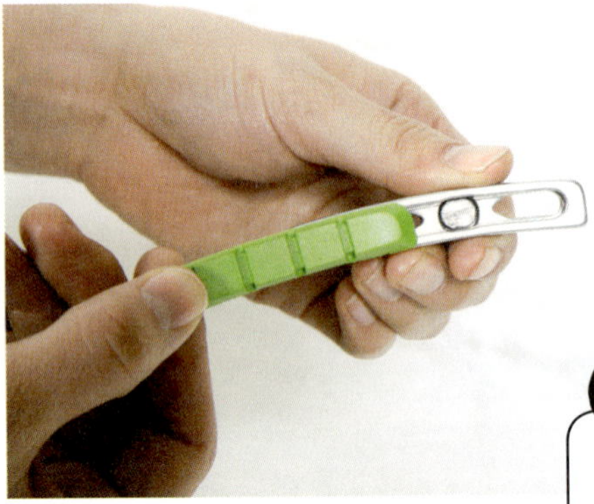

「中性洗剤を塗るとすべりがよくなります」

きつくてホルダーにパッドが入りにくいときは、パッドの裏側もしくはホルダーの内側に中性洗剤を塗るとすべりがよくなります。パッドをはめおわったら、必ず水で洗剤を洗い流します。くれぐれも、オイルやグリスを塗らないこと！　オイルやグリスはきれいに洗い流すことができないため、ブレーキが利かなくなるおそれがあります。

04

ピンを差し込む／ボルトをしめる

01ではずしたときと同じ向きに、ピンを差し込む。ピンを持ったペンチは動かさず、パッド側を押し込むと入れやすい。

4章
16

難易度 ★★☆
作業時間 **15**分
（慣れたら5分！）

シフターを動かしても、ギアが変わらない……

シフターとギアをつないでいるシフトワイヤーの張りがきつかったり、逆にゆるんでしまっていると、シフトチェンジがスムーズにできません。アジャスターを回して調整してみましょう。

必要な道具

軍手

4章-16に登場するパーツの名前

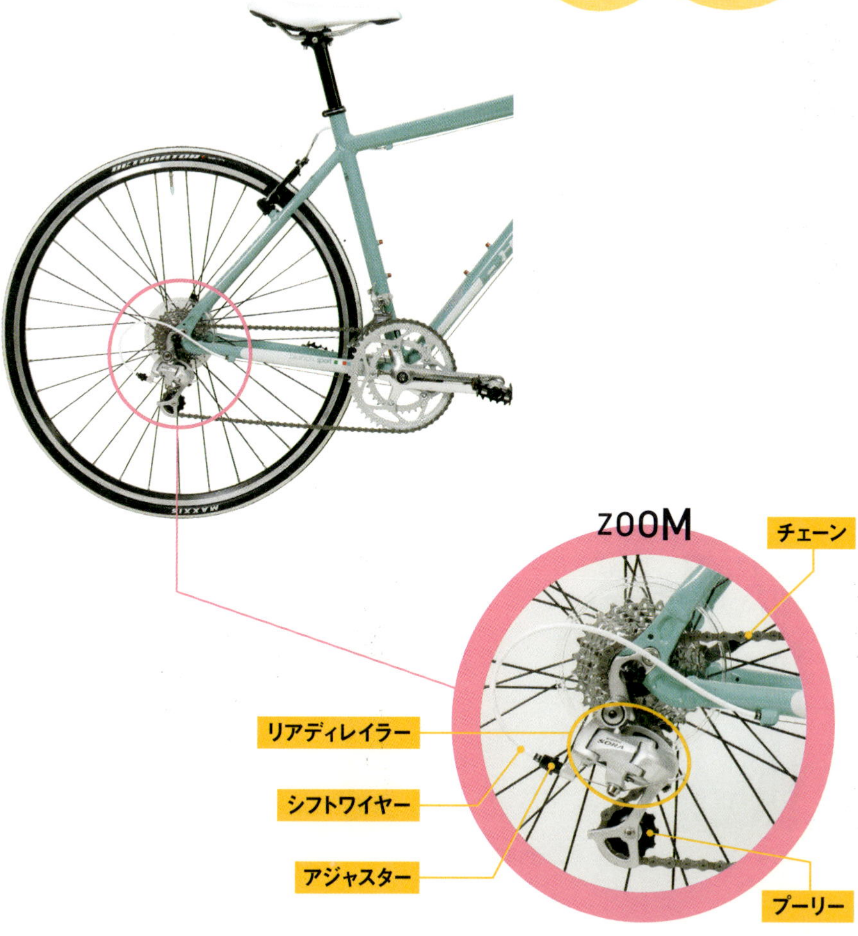

知っておきたいこと17

チェーンとプーリーの正しい位置 >>>>

OK チェーンとプーリーが一直線

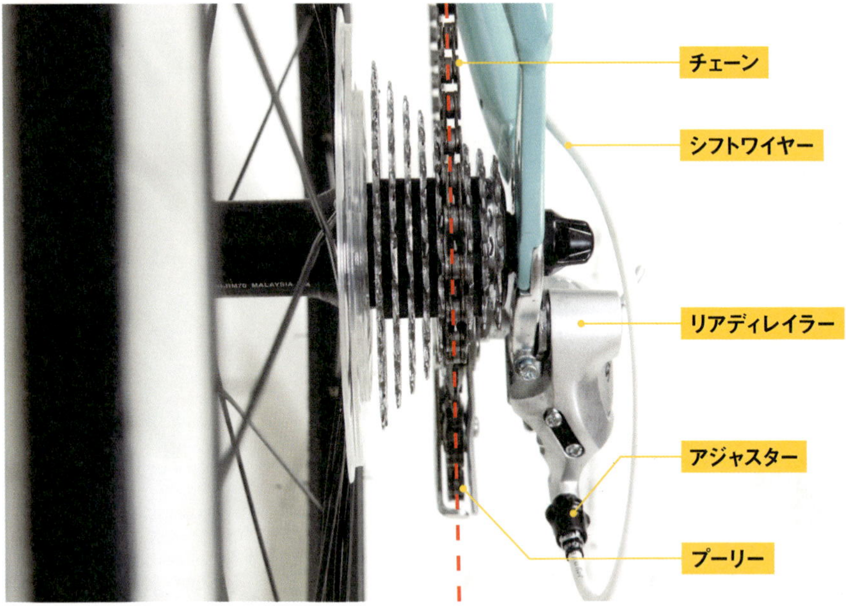

自転車の後方からリアディレイラーを見て、確認する。シフトワイヤーの張りが適正なときは、チェーンとプーリーが一直線になる。

NG プーリーが外側に傾いている

ワイヤーがゆるくなっている状態。軽い（内側の）ギアにシフトしにくい。

NG プーリーが内側に傾いている

ワイヤーの張りが強すぎる状態。重い（外側の）ギアにシフトしにくい。

シフトワイヤーの張りを調整する >>>>

01 まんなかのギアにシフトしておく

あらかじめまんなか（外側から4番目が一般的）のギアにチェーンをかけておく。

02 アジャスターを回してワイヤーの張りを調整する

プーリーが外側に傾いている場合

アジャスターを時計まわりに回して、ワイヤーの張りを強くする。

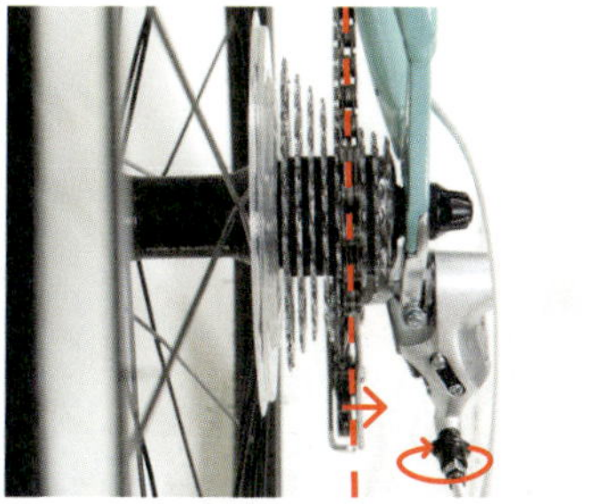

プーリーが内側に傾いている場合

アジャスターを反時計まわりに回して、ワイヤーの張りをゆるめる。

ADVICE

シフトワイヤーの張りを調整してもシフトチェンジが不調なら、フレームやリアディレイラーがゆがんでいることなどが原因と考えられます。いずれの場合も、ショップで見てもらったほうが無難です。また、前ギアがスムーズに切り替わらない場合も調整がむずかしいので、ショップに相談してみてください。

COLUMN 8

交通ルールとマナーを守ろう！

免許が不要で、気軽に乗れる自転車ですが、じつは車やバイクと同様に、「道路交通法」などで、交通ルールが定められています。交通ルールを守って、マナーあるサイクリングを心がけましょう。

装着必須のアイテム２つ ＞＞＞＞

1 ライト

夜間はライトを点灯しなければいけません。無灯火運転は、5万円以下の罰金が課せられます。自動車や歩行者が視認できるように、自転車の前後に少なくとも1つずつつけてください。たとえば、ハンドルに1つ。シートポストに1つ。遠出するときは、電池切れに注意。予備の電池を持っていると安心です。

ブレーキ操作やシフトチェンジのジャマにならない位置に取りつけて、前方を照らす。

シートポストに取りつける場合は、後方の自動車から見えやすいように右側につけて後方を照らす。赤い反射板でもよい。

2 ベル

意外に知られていませんが、ベルも必需品。道路交通法は、「見通しの悪い場所では警音を鳴らさなくてはいけない」と定めています。周囲に対して、「自転車が来ますよ」と知らせるのが目的ですから、「どけどけ」とばかりにベルを鳴らすのはご法度！　こうした迷惑行為には、2万円以下の罰金が課せられることもあります。

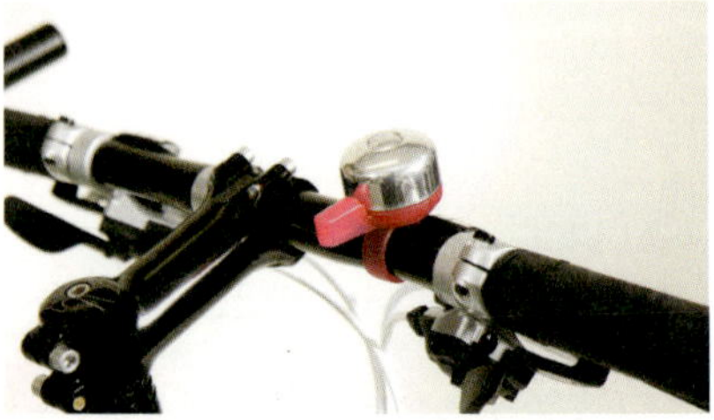

ライトと同様に、ブレーキ操作やシフトチェンジを妨げず、かつ鳴らしやすい位置に取りつける。

おぼえておきたい交通ルール ＞＞＞＞

1 車道の場合は左端を、歩道の走行は基本的に禁止

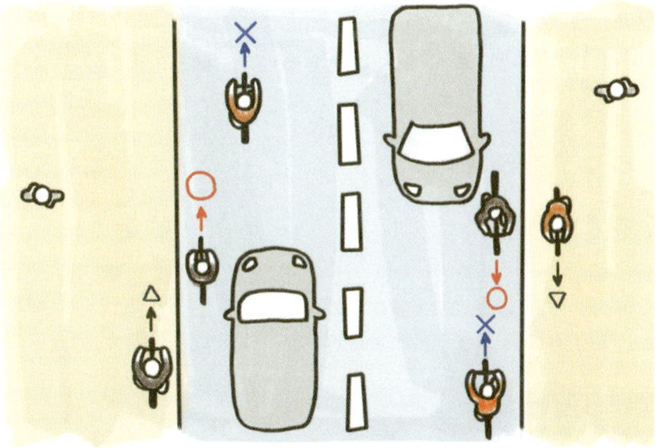

自転車は「軽車両」に分類されます。自動車やバイクと同様、「道路交通法」が適用されます。

（1）基本の交通ルールは自動車と同じ。車道を走行し、左側通行を守ること。車道のまんなかを走るのはNG！ できるだけ左端を走ろう。「自転車専用レーン」がある場合は、専用レーンを走る。

（2）自動車用の信号を守る義務がある。

（3）「止まれ」の標識があれば、一時停止。

（4）歩道の走行は、基本的に禁止（ただし、幅3m以上の場合や、自転車通行可の標識のある場合は通行可）。車道の交通量が多くて危険なときなど、やむをえない場合は、歩道を走ってもいいが、その場合は、できるだけ車道寄りを走ろう。あくまでも歩道は歩行者優先！

2 交差点は「2段階右折」で曲がる

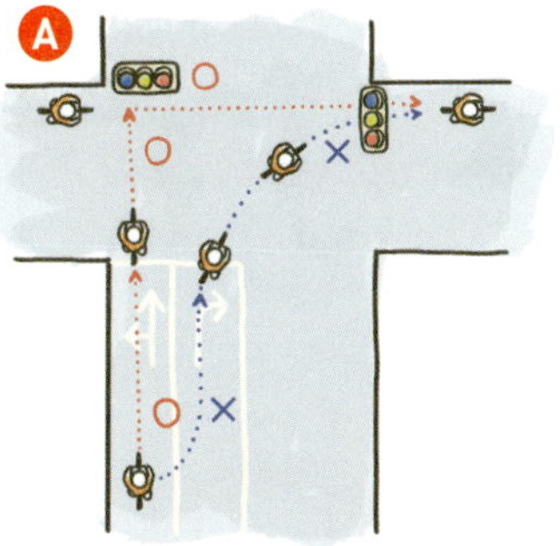

【信号機のある交差点の場合】

（1）車道の左側を走り、交差点を渡る。

（2）Ⓐの位置で止まり、信号が青になったら横断する。

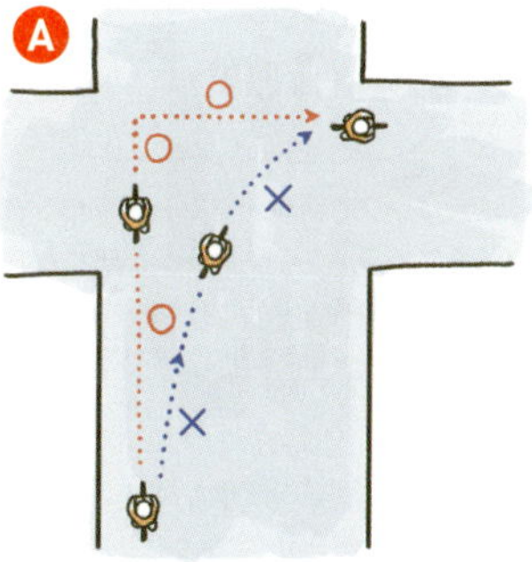

【信号機のない交差点の場合】

（1）車道の左側を走り、交差点を渡る。

（2）Ⓐの位置で止まり、安全を確認してから交差点を渡る。

COLUMN 8

交通ルールとマナーを守ろう！

・5つの禁止事項

1 飲酒運転

「自転車なら飲んだあとに乗っても大丈夫」と思っている人も多いのでは？　車と同様に酒気おび運転は禁止。違反すると、5年以下の懲役または100万円以下の罰金。

2 二人乗り

後ろに乗るのも前に乗るのもNG。違反者は2万円以下の罰金が課せられる（各都道府県の条例にもとづき、6歳未満の子どもを乗せるなどの場合を除き、原則として禁止されている）。

3 傘をさす

傘以外にも、物をかつぐなど、運転が不安定になるような乗り方は禁止。違反者は5万円以下の罰金。雨の日はレインウエアで対応を。

4 並走

2台以上横に並んで走ってはいけない。仲間と走るときは、縦一列で走ろう。違反者は2万円以下の罰金（並走可の標識のある場所を除く）。

5 ながら運転

（1）携帯電話の操作

携帯電話で話したり、メールをしながらの走行はとても危険。3の「傘をさす」と同様の扱いで、違反すると5万円以下の罰金。

（2）音楽を聴きながら

ほとんどの都道府県では、音が聞こえにくい状態（イヤホンで音楽を聴く等）で走ることを禁止している。耳栓も×。違反者は5万円以下の罰金。

カギの選び方

クイックレバーひとつで分解できてしまうスポーツバイクは、
カギのかかっていないパーツが盗まれてしまう危険性大。カギのかけ方が重要です。

〈かけ方のポイント〉

1 **U字ロックで前輪とフレームをロック**
2 **ワイヤーロックでフレームと柱など動かないものを結びつける**

＊迷惑にならない場所を選んで駐輪すること。

〈選び方のポイント〉

・夜間駐車や長期間駐車する
→軽さやコンパクトさは二の次！　できるだけ頑丈な構造のカギを選ぶ。

・近所へ買い物に行く／サイクリングに行く
→コンパクトで軽量なカギが便利。

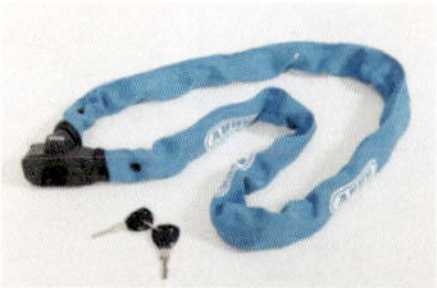

太くて頑丈なチェーンロック。

コンパクトで、頑丈なU字ロック。

軽量で便利なワイヤーロック。

5章

自転車と一緒に遠くへ出かけよう

5章
17

難易度 ★★☆
作業時間　各5分
（慣れたら各3分！）

ペダルをはずす・つける

ペダルをはずすと車体の幅が狭くなるため、
輪行するときや車に積むときに便利。
さまざまな色や形のペダルがあるので、カスタマイズも楽しめます。

必要な道具

ペダルレンチ、
軍手

5章-17に登場するパーツの名前

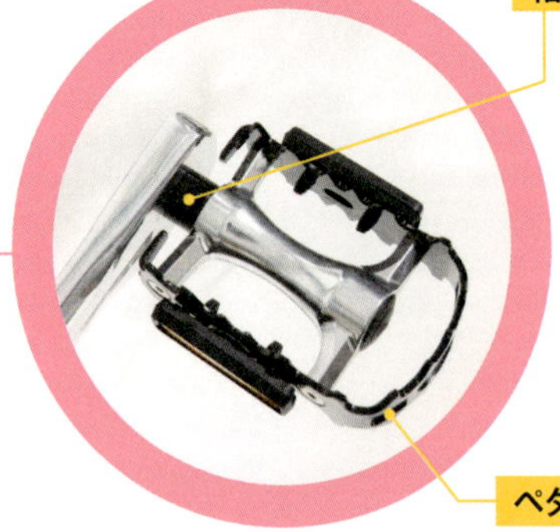

知っておきたいこと18

ペダルのしめ方・ゆるめ方 ＞＞＞＞

- ペダルの軸を前に回す→ペダルがしまる
- ペダルの軸を後ろに回す→ペダルがゆるむ

ペダルは、走行中にゆるんでしまわないように設計されています。そのため「左右のペダルとも、進行方向へ回すとしまる」とおぼえておくとよいでしょう。つまり右側は反時計まわり、左側は時計まわりに回すとゆるみます。左側はネジの一般的な回し方と逆なので注意して!!

（右側のペダルの場合）

（左側のペダルの場合）

ペダルをはずす ››››

01 ペダルの軸にペダルレンチをはめる

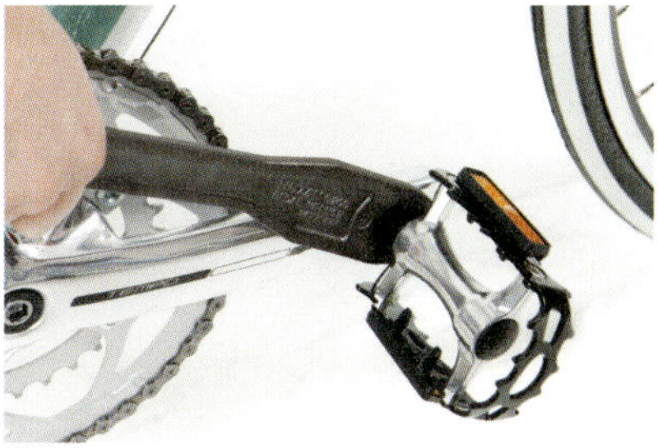

ADVICE

この作業ではスタンドは使いません。スタンドを使うと、クランクが回転してしまうため、ペダルレンチに力を入れにくいからです。02のようにおなかで車体を支えたり、壁に立てかけて作業します。

02 力を入れてペダルレンチを回す

右ペダルは反時計まわりに、左ペダルは時計まわりに回す。

ADVICE

右ペダルをはずすときは、チェーンやチェーンリングに手を引っかけないように注意。軍手や布でカバーしておけば、油汚れやケガを防げます。

38 クランクが回転してしまって力が入らない！

39 固くてどうしても回らない P144

38

「台や階段を使って固定しましょう」

作業するペダルとは逆のペダルの下に、低い台（20～30cm程度）を置けば、クランクが固定されます。階段の段差を利用してもいいですね。

ペダルをはずす 》》》

03 さらにレンチを回して ペダルをゆるめる

04 ある程度ゆるんだら 手で回す

05 ペダルを 取りはずす

39

「1 長いペダルレンチを使う 2 ペダルレンチを、ハンマーで少しずつたたいてゆるめる」

女子の力ではどうにもならない場合もあります。次の方法を試してみて、それでもはずれなければ、力の強い人にはずしてもらうか、ショップに持っていきましょう。

1 長いペダルレンチを使う

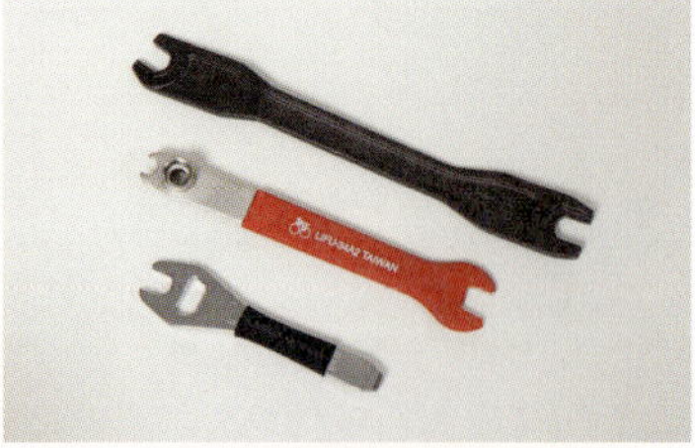

柄が長いほど「てこの原理」が働くため、力が入る（写真のいちばん上のレンチは約30㎝）。

2 ゴム製のハンマーでレンチを叩きながら少しずつゆるめる

フレームやチェーンリングに、ハンマーがあたらないように注意！

ペダルをつける ≫≫

01 手で軽く取りつける

右ペダルは時計まわり（写真）、左ペダルは反時計まわりに回すとしまる。

ADVICE

はずしたペダルのネジ山と、クランク側の穴の汚れを布でふき取っておきましょう。ペダルのネジ山にグリスが残っていなければ、塗りなおします。グリスは上の写真の量程度。ネジが固着するのを防いでくれます。

ADVICE

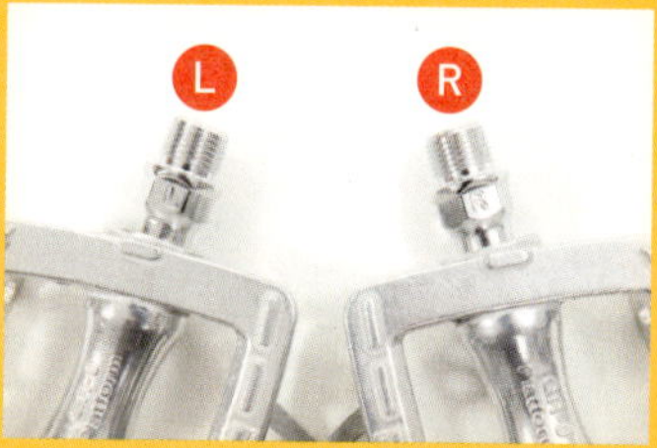

ペダルには左右があり、L（左）、R（右）と書かれています。取りつける前に確認しましょう。

02 ペダルレンチで回してしめる

ペダルの軸にペダルレンチをはめ、右ペダルは時計まわりに、左ペダルは反時計まわりに回してしめる。

ADVICE

ペダルのネジは、ネジ山にまっすぐ入れましょう。斜めに入れると当然うまく入りません。無理にしめるとネジ山がつぶれてしまいます。スムーズにネジが回らないときは、一度はずしてからやりなおしましょう。

03 体重をかけてしっかりしめる

しめるには力がいる。グーッと体重をのせてしめること。

ADVICE

ペダルにはさまざまな種類があります。自分に合ったペダルを選びましょう。

初心者におすすめ！

フラットペダル

足を乗せる面が平ら（フラット）なペダル。クロスバイクやシティサイクルに使われている、もっともポピュラーなタイプ。安価でカラーが豊富なので、手軽にカスタマイズを楽しめる。

本格的な走りを求める人におすすめ！

ビンディングペダル

専用シューズにはき替えて使うペダル。シューズを固定する金具がついていて、ペダルを引き上げる力が生まれるため疲れにくく、長く速く走ることができる。自転車から降りる前にシューズを金具からはずす必要があるので、十分に練習して慣れてから車道に出よう。

街乗りも長距離も楽しみたい人に！

フラット・ビンディング兼用ペダル

街乗りのときはフラット面、長距離のときはビンディング面、と使いわけることができる。ビンディングペダル初心者におすすめ。

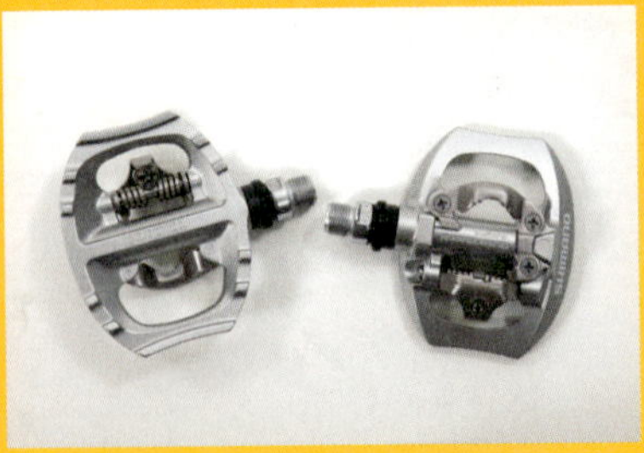

靴のはき替えなしで、本格的に走るなら！

クリップペダル

靴のつま先が固定できるトゥークリップつきのペダル。専用シューズにはき替えなくても、ペダルを引き上げる力をプラスしてこぐことができる。トゥークリップから足を抜くだけなので、降車も簡単。

5章
18

難易度 ★★☆
作業時間 40分
（慣れたら10分！）

輪行袋に入れる

鉄道や飛行機など、公共の交通機関を使って自転車を持ち運ぶことを輪行といいます。持ち込む際には、自転車をコンパクトに解体し、専用の袋（輪行袋）に入れなければいけません。

自転車を入れる輪行袋には、大小2種類のサイズがあります。

- 「大」……前輪のみはずして入れる。解体する手間は少ないが、かさばる。
- 「小」……前・後輪ともはずして入れる。「大」より手間はかかるが、コンパクトに運べる。

必要な道具

輪行袋、ストラップ、ショルダーベルト、軍手、ペダルレンチ、保護パーツ

前輪のみはずして入れる ››››

01 ペダルをはずす

P143

02 前輪をはずす

P085

03 フロントフォークに保護パーツをはめる

ADVICE

保護パーツとは、自転車を出荷するときに、フロントフォークとフレームエンドにつける部品。自転車を組み立てから行っているショップには必ずあります。買うと高いので、分けてもらえるかたずねてみましょう。自転車を購入するときにもらっておくといいですね。

前輪のみはずして入れる ≫≫

04

前輪をフレームに固定する

ストラップでフレーム2か所に固定する。

05 ハンドルを固定する

ハンドルを90度曲げて、前輪にストラップで固定する。

06 クイックレバーを軍手などでカバーする

フレームを傷つけないように、クイックレバーを軍手やウエス、タオルなどでカバーする。

07 フレームにショルダーベルトを取りつける

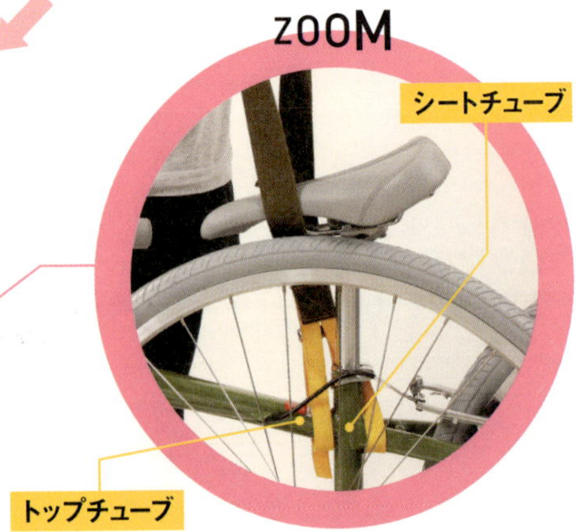

08 輪行袋に入れる

ファスナーを全開にした輪行袋を敷いて、自転車を置き、ファスナーを閉じる。

ADVICE

袋の内側は、どうしてもチェーンやスプロケットの油で汚れます。それらをタオルや布でカバーしておけば、袋の汚れ防止だけでなく、部品の保護にもなります。チェーンやスプロケットの専用カバー（ともに1000円前後）も市販されていますよ。

09 ペダルを収納する

輪行袋の内ポケットに、取りはずしたペダルを収納。ペダルをはずさなくても、輪行袋には入るが、ペダルの分だけ横幅が広がるので運びにくい。

内ポケットがない！

「タオルなどで包んで入れましょう」

ペダル収納用のポケットがついていない輪行袋もあります。その場合は、車体に傷がつかないように、ペダルをタオルなどで包みましょう。

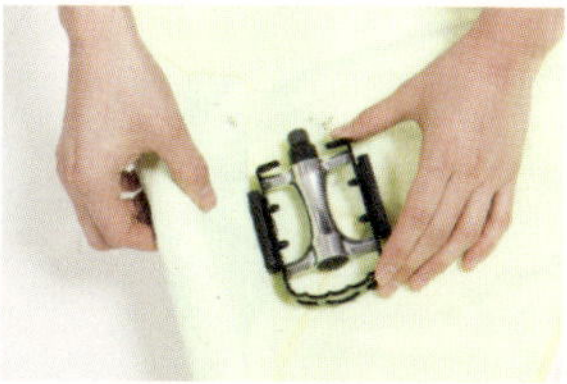

10 ファスナーを閉じて完成

前輪と後輪をはずして入れる >>>>

01 ペダルをはずす

P143

02 自転車をひっくり返す

P088

03 前輪をはずす

P087

04 後輪をはずす

P091

05

フレームエンドに
保護パーツをはめる

06

前輪と後輪を フレームに固定する

前輪と後輪を、クランク、シートステイにそれぞれストラップで4か所固定する。

41 しっかり固定されない！

41

「固定箇所を増やしましょう」

不安定な場合は、固定箇所を増やしましょう。ストラップが足りないときは、ホームセンターや手芸店で売っている「マジックテープつきのナイロン製ストラップ」で代用できます。ストラップは6本あるとベストです。

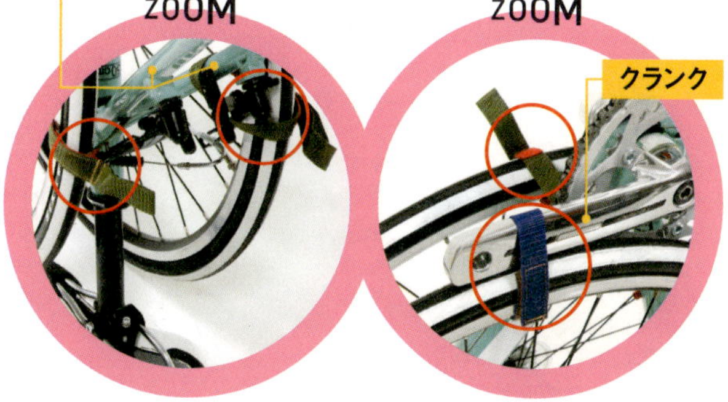

07

ショルダーベルトを取りつける

ダウンチューブとチェーンステイにショルダーベルトを取りつける。

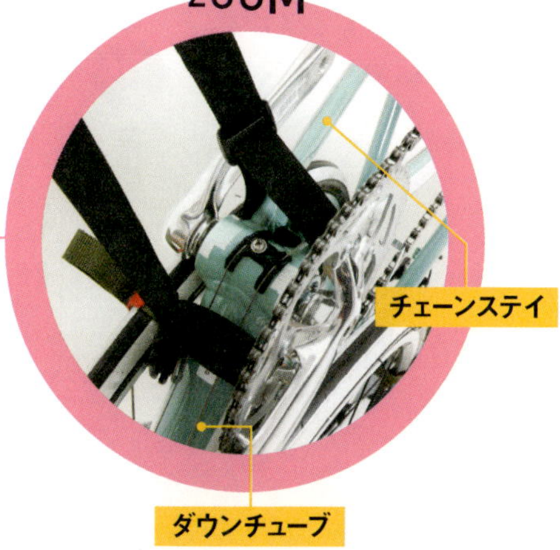

08 車体を袋に入れて ショルダーベルトを袋の穴に通す

袋を広げて、車体を包むようにして入れる。

輪行袋の上部にある穴にショルダーベルトを通す。

09 ペダルを収納する

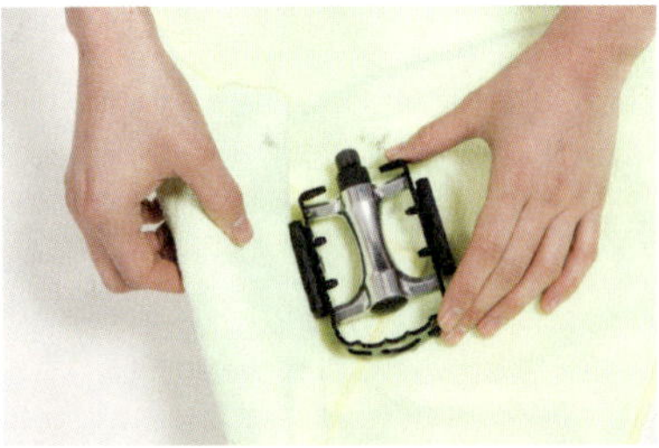

輪行袋の内ポケットに、取りはずしたペダルを入れる。ポケットがなければ、タオルなどで包んで輪行袋に入れる。

10 袋を引き上げる

11 車体をすべて収めて、完成！

42 袋に入りきらない！

43 大きいし、重たいし、持ちにくい！

42

「サドルを下げて、それでも入らなければハンドルをはずしましょう」

はずしたハンドルは、袋の中で動かないようにストラップでフレームに固定します。

サドル P034
ハンドル P040

43

「ショルダーベルトを短めにし、両手でフレームをつかもう！」

小さくたたんでも、重さ自体は変わりませんよね。クロスバイクの重量は9〜14キロ。ママチャリより軽いとはいえ、女子には重い……。ショルダーベルトだけでかつごうとすると、肩が痛くなってしまいます。ベルトをなるべく短くして、両手でフレームをつかむと、肩への負担が軽くなります。「それでも痛いよ〜」という人は、ショルダーベルトに肩あてパッドをつけるなど、工夫してみましょう。

ADVICE

遠出するときに、「これさえあれば」の必需品を紹介します。

① 携帯用空気入れ
② 六角レンチ（4㎜〜6㎜は必ず。携帯用が便利）
③ 軍手
④ ペダルレンチ（コンパクトなものがよい）
⑤ パンク修理キット
⑥ 替えのタイヤチューブ
⑦ タイヤレバー（3本）
⑧ 保護パーツ

ADVICE

自転車は大きな荷物。周囲の人の迷惑にならないように、駅や列車内でのマナーを守りましょう。平日の朝晩など混雑する時間帯は、輪行を避けたほうがいいですね。

列車内では→先頭あるいは最後尾の車両の運転室の壁ぎわがベストポジション。車椅子スペースがあいていれば、利用させてもらってもいいと思います。新幹線や特急列車の場合は、各車両のいちばん後ろの席と通路との間にある空きスペースや、荷物スペースを利用します。

飛行機では→自転車用の段ボール箱に収納して空港で預けます。箱は自転車ショップで分けてもらえるか聞いてみましょう。

普通列車内

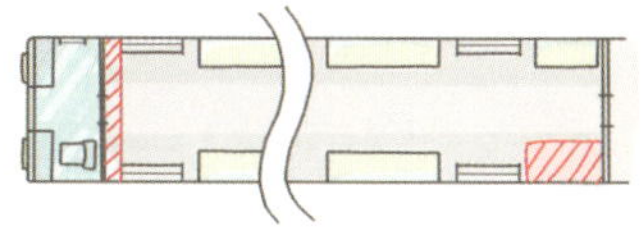

新幹線・特急列車

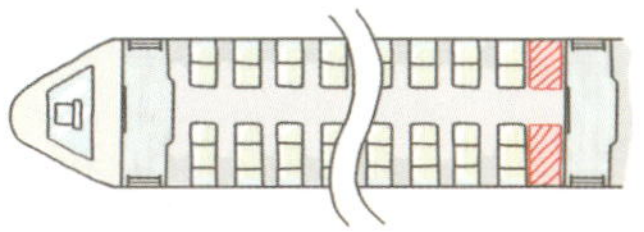

COLUMN 9

荷物のいろいろな積み方

自転車に乗るときに悩むのは、荷物の持ち運び。荷物が少なければ少ないほど快適。でも、サイクリングに出かけるときは、飲み物と携帯用工具くらいは持っていきたいし、買い物をしたら荷物も増えます。ここでは、荷物の持ち運びに便利な6つのアイテムを紹介します。

サイクリングに

ボトルケージ

スポーツバイクのフレームには、ドリンクボトル用のボトルケージを取りつけるためのボルトがついている。フレームのダウンチューブか、シートチューブについている2本のボルトで装着。ケージは、ペットボトル専用、ドリンクボトル専用、兼用と種類が分かれているので注意！

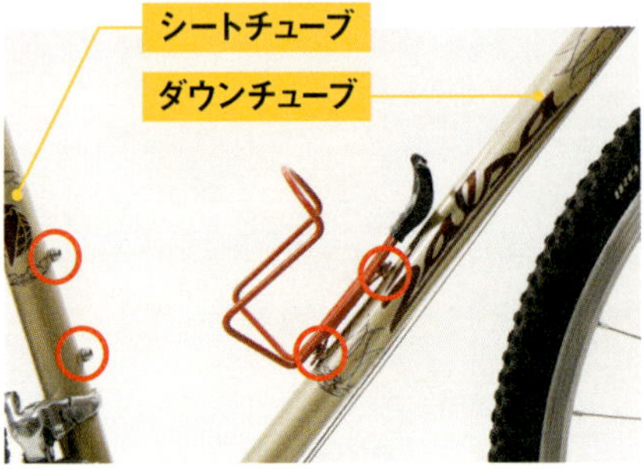

サドルバッグ

サドルの下につける小さなバッグは、パンク修理キットや携帯用工具などを入れておくのに便利。サドルの下にすっぽりと収まり、ペダルをこぐ際にもジャマにならない。サドルのレールの形状によっては、装着できないものもあるので注意。

フレームバッグ

トップチューブとシートチューブの間につける三角形のバッグ。サドルバッグよりも容量が大きいため、工具類だけでなく、マップも入る。着脱が簡単で、持ち手がついているため、はずして持ち運ぶこともできる。

買い物や通勤に

カゴ

ハンドル部分に固定するタイプやフレームに固定するタイプなど種類もさまざま。取りつけ作業は専門的な知識が必要なので必ずショップでやってもらおう。ただし、なかには取りつけられない自転車もある。

キャリア

大きな荷物を運ぶときに便利なキャリア。荷物をくくりつけるだけでなく、カゴなどを装着することもできる。自分でも取りつけはできるが、キャリアを固定するためのボルトの位置が自転車によって異なるため、調整が必要。キャリアを買ったショップでつけてもらうほうが確実。

パニアバッグ

キャリアに「パニアバッグ」をつければ、荷物が多くても安心して走れる。両サイドに収納可能なため、均等に荷物を入れれば、走行時にぐらつかない。防水性の高いものも多く、通勤用としても、長距離のツーリング用としてもおすすめ！

INDEX

自転車の症状別

＊症状が出たら、上から順番に試してみてください。

ブレーキの利きが悪い

シフトチェンジがスムーズにできない

パンクしやすい

パンクした

自転車からへんな音がする

体の症状別

＊症状が出たら、上から順番に試してみてください。

INDEX

やりたいこと別

カスタマイズしたい

輪行をしたい

荷物を積みたい

パーツを買いたい

工具を買いたい

完全女子版！

自転車メンテナンスブック

2012年5月30日　初版第1刷発行

監修　山田麻千子、中里景一

発行者　髙橋団吉
発行所　株式会社デコ
〒101-0051　東京都千代田区神田神保町1-64
神保町協和ビル2階
www.deco-net.com
電話　03-6273-7781（編集）
03-6273-7782（営業）

印刷所　新日本印刷株式会社

デザイン　岩間良平、大江幸子（trimdesign）
イラスト　坂本 恵
撮影　千倉志野
取材・文　佐藤恵菜
編集　栗林直子、渡邉直子、桑沢香織、宮崎早香
写真協力　井上ゴム工業株式会社
有限会社ダイアテックプロダクツ
ダイナソア株式会社

ISBN978-4-9903848-8-3　C0075